シリーズ
地域の再生 9

地域農業の再生と農地制度

日本社会の礎＝むらと農地を守るために

原田純孝 編著

農文協

まえがき

2009年6月に「平成の農地改革」を標榜して農地制度の大改正が行なわれた。1970（昭和45）年農地法改正と1975年農用地利用増進事業の創設以来の最大の改正である。財界サイドの強い圧力のもとで、農地貸借を自由化し、法人企業等の自由な農業参入を認めたことが眼目であるが、改正点は他にも広範な事項に及んだ。農地改革から60年を経て、農地制度の様相は一変したような感さえある。

背景には、日本農業、とりわけ土地利用型農業が直面しているきわめて困難な問題状況がある。耕作放棄地の増大、農業従事者の急速な減少と高齢化、反面での担い手不足などの問題に対処し、「農業の構造改革」を実現するには、農外からの新規参入が必要だというのが、貸借の自由化の論拠であった。しかし、法人企業等の参入で問題が解決するわけではけっしてない。いま本当に必要なのは、地域と地域農業再生への道筋をどうつけるか、地域に根差し、地域の将来に対して責任をもつ地域農業の担い手をどう確保するかである。農地の所有と利用および保全を管理する仕組みとしての農地制度は、そこに向かう地域の努力を阻害するものであってはならない。

改正農地法も1条で、農地を「地域における貴重な資源」と位置づけ、農地の権利の取得は「地域との調和に配慮した」ものであるべきことを謳っている。新規参入者の農地利用を地域の農地利用と調和させるため、農業委員会や市町村長が積極的に関与・介入する仕組みも用意された。しかし、その仕組みがどう機能しうるかは、まだわからない。いまは新制度のもとで、各地域の実情に応じたさまざまな取組みが進められているところである。

ところが、2010年秋以降、TPP（環太平洋経済連携協定）への参加問題を契機に、農地制度のさらなる改正・大幅規制緩和論が急浮上した。その帰趨はなお定かでないが、次は農地所有権取得の自由化まで進むべしとする主張も再登場している。しかし、もし仮に所有権取得の自由化まで認めたら、どうなるか。15～20年後の農地所有の状況は一変したものとなる恐れもある。それは、戦後60年の農村社会、さらには日本社会全体の安定的な発展を支えた基盤を掘り崩すことである。そうならせないためにも、地域農業の建て直しが必須なのである。

本書には、3部構成のもとで、計11章の論稿を収録した。その各章は、地域農業再生との関係で農地制度がいま直面している主要な課題と問題点を多角的な切り口から検討している。

第1部「農地制度および農地利用の変化と今後」は、第1章で戦後農地制度の改正経緯とその効果・影響を検証し、第2章で現下の制度「改革」問題の本質と所有権取得自由化論が伴う重大な問題性を検討する。続く第3、4章では、制度改正問題の背景にある農地の所有・利用構造の変化とその地域的特徴、並びに、農地保有の変容とあいまった耕作放棄地・不在地主問題の実情が分析される。

第2部は、「地域農業再生の担い手と農地利用の課題」を主体の面から考察する。第5章は、土地利用型農業の「担い手」とは何かを問いつつ、東北での家族経営と集落営農の経営展開の実態を踏まえて構造政策の課題を提示し、第6章は、農業の危機が地域の危機に直結する中山間地域での共同的な取組みを西日本の事例に即して考察する。第7章は、地域の農業再生と持続可能性に不可欠な女性農業者の役割に焦点を当て、これからの農業経営と農地所有のあり方を検討する。その先進事例として取り上げられた福島県飯舘村は、福島第一原発事故の影響で現在、思いもよらなかった大変な苦難を強いられているが、同村の意欲的な実践の経験がその価値を失うことはない。一方、第8章は、いわば逆方向の株式会社参入問題の経緯と現状を整理する。

第3部「むらの共同と農地の保全・管理」では、第9章が、農地制度の中核には「むらの共同性」が通底しており、むらと農地を守るには農地の自主管理が不可欠なことを検討する。そのうえで第10章は、改正農地法下の農業委員会の現実的課題を、山形と高知の実態を踏まえて検討し、第11章は、農地保全の外枠をなす転用規制の変化と現状を国・自治体・地域の視点から分析して制度上の問題点を指摘する。

執筆者はいずれも日本農業法学会の農地制度研究会のメンバーであるが、各章の分析と考察は、各執筆者の固有の視点と責任による。末尾の資料は、昭和45年農地法改正の意義を確認するために同研究会で行なった、当時の立法担当者からの聞取りと質疑の記録である。

なお、本書の原稿は、すべて2011年3月11日より前に執筆された。東日本大震災と福島第一原発の事故によって想像を絶する被害を蒙った諸地域の人びとの生活が一日も早く再建の途に就くことを切に願いつつ、その地域再生と地域農業の復興への道程でも、本書の考察が幾ばくかの寄与をなしうることを期待したいと思う。

二〇一一年四月

原田純孝

シリーズ　地域の再生　9

地域農業の再生と農地制度
——日本社会の礎＝むらと農地を守るために

目　次

第3部　むらの共同と農地の保全・管理

第1部

農地制度および農地利用の変化と今後

第1章　戦後農地制度の改正経緯とその効果・影響

1　はじめに

企業の農業参入（借地方式）が短期間に早いテンポで増加している。09年農地制度大幅改正によってもたらされた変化である。こうした動きが、今後の農地の所有・利用関係に新たな問題を投げかけてくるであろうことは、想定しておかなければならない。

ところで、戦後の農地制度を振り返れば、地主的土地所有から自作農の土地所有へと所有構造を大転換した戦後農地改革、そこからわれわれは出発している。そして、広範に創設された自作農の農地所有と経営を擁護することを本旨として農地法が制定された。以降60年、たび重なる制度改正がなされてきたが、今次改正は、農地所有権取得自由化に道を開くための布石ともとれる重大な内容を含んでいる。次なる改正では、農地市場完全自由化、農地法の存在そのものの否定に向かいかねない。そして早くも、財界のみならず民主党菅直人首相自身が「農地制度改正」を強く主張している。

だが、農地の権利移動統制制度は、それをいったん崩してしまえば、その後に農地の所有・利用を巡って重大な問題状況が発生したとしても統制制度を復活させることはきわめて困難であり、すでに発生した農地の所有関係を元に戻すことなど事実上不可能である。こうした事態が発生しかねないことを、為政者はいかに考えているのだろうか。

かかる危機的状況下、本章では戦後農地制度の改正とその効果・影響に関して、担い手育成政策との関連をも視野におきつつ変化を追い、今後の農地制度のあり方を問う（農地転用規制は農地制度の重要な構成条項であるが、他稿が準備されるので割愛する）。

2　戦後出発点としての農地改革
——農地法制定

（1）民主化の基礎としての農地改革・自作農創設（1945年～）

農地改革は、ＧＨＱの指令のもとに〝耕作者の地位の安定、労働の成果の公正な享受のために自作農を広汎に創設し、農業生産力の発展、農村の民主的傾向を促進すること〟を目的として実施された(1)。同時に農地調整法（１９３８年）が改正されて、農地の権利移動統制が徹底される。現場での農地改革実施主体たる農地委員会は、農民の選挙による行政委員会に改革された（その後、51年農業委員会法によって現在の公選制行政委員会となった）。

買収農地174万町歩（うち小作地171万町歩）、売渡農地190万町歩（含、国有農地）、均質的な自作農が広範に創設され、小作地率は10％にまで低下した（50年）。農地所有構造は断絶的に改革されて、農地・農村開放は成功した。その裏には、米英対ソ連の対立が深まるなかで、GHQ、とくに米英には、わが国農村に〝圧倒的多数の土地持ちの穏健な社会的安定層を形成する〟狙いが強くあったのであり、土地国有化や耕作権の強化といった道筋は考慮外であった。

（2）自作農主義の農地政策の確立（52年農地法制定）

農地改革の成果の維持、地主制への反転防止と耕作者の農地取得の擁護を本旨として農地法が成立し（52年）、農地等の権利移動、農地転用が1筆単位で統制された（農地所有・権利取得は世帯単位で規制された）。小作地の自作地化の促進（小作人の専買権付与）、小作地所有制限と国家買収、賃借の解約制限と小作料統制、不耕作目的の農地取得禁止、農地保有の一定規模内への閉じ込め等を内容とする自作農主義の法構成であった。なお、国会で議論となった「**中堅自作農の育成**」は、必ずしも特定層に焦点を当てた政策ではなく、実態としては600万農家丸抱えの農政であったといえる。(2)

制定当初の農地法（主要条項）

いまや歴史遺産となった制定時の農地法の構造を示す。

①法の目的――「農地はその耕作者みずからが所有することを最も適当であると認めて、耕作者の農地の取得を促進し、その権利を保護し」とした。

②農地等の不耕作目的での取得等を禁止（以下の場合は不許可）――ア、小作地の所有権を、小作人以外の者が取得しようとする場合、イ、取得する農地等について耕作・養畜の事業を行わないと認められる場合、ウ、農地取得の上限面積制限（取得後の農地面積が都府県平均で3町歩、北海道で12町歩をこえる場合）、エ、下限面積制限（現に耕作する農地面積が都府県で3反、北海道で2町歩に達しない場合）、オ、国から売り渡された農地の貸付、カ、小作地の転貸、キ、農地を取得することによって、農業生産が低下する場合。

③小作地所有制限と買収・売渡――不在村者は一切の、在村者は都府県平均1町歩（北海道4町歩）をこえる小作地の所有を禁止。所有できない小作地は国家による買収・売渡とした。

④賃貸借の解約制限等――賃貸借の法定更新、解約の制限と知事許可、小作料の最高額統制・定額金納制、減額請求権等により賃借権を強固に保護した。

⑤農地等の転用統制――転用行為及びそのための権利の設定・移転を統制した（都道府県知事又は農林大臣の許可）。

農地法は欠陥をもっていたか

今日から振り返れば、農地の所有者等に対する利用の義務付けを欠き、構造固定的統制法であり、賃借人の改良行為や有益費処理規定が欠落していた等の問題を指摘できるであろう。だが、当時は農民が耕作放棄をするとは一般的には想定できなかったのであり、戦後引揚げ者の吸収等で膨れ上がった自作農の維持を基本とする農政では構造固定的にならざるを得なかったであろう。さらには、賃借権を強固に保護し、農地改革残存小作地の解消を進めようとしていた農地行政で、有益費規定まで盛り込むことは過大な要求であったと思われる。この有益費問題は、きわめて緩やかな賃貸借規制のもとで大幅に貸借が拡大している現段階（２０１０年センサスでは農業経営体の借入地１０７万ha、借地率29％）においてこそ、早急に取り組むべき重要課題である。

3　構造政策のスタートと農地制度の対応

（1）農業生産法人制度の創設（62年農地法改正）

自作農主義の農地法のもとで１９５０年代の農地行政が展開されたが、経済社会の発展に伴って農業の構造的矛盾が拡大する。そうした変化に対応して、農業構造改善の方向に沿った農地制度改正が準備される。

当時の背景としては、①農家の法人組織化の動きがあった。徳島県の柑橘農家等が税金対策として1戸1法人（有限会社）を立ち上げ、この法人に果樹木を貸し付ける方法をとった。農林省は、農地法違反であるとしたが、農業団体は農業の近代化のためには法人経営を認めるべく農地制度を改正すべきだと運動した。②農業基本法（61年）では、「**自立経営の育成**」が重要な政策課題であったが、同時に、農業構造改善の一方策として「**農業の協業化**」が求められていた。これらの動向に対応して農業生産法人に農地取得の道を開くかたちで農地法改正に踏み切ったのであった。

60年の国会提出法案では、「適格法人」として一定の要件が備わっておれば、法人の形態は問わず、法人が取得できる農地の権利は貸借に限定していた。しかし、62年に成立した改正農地法では、株式会社は株式の譲渡自由という性格から農地法の本旨に合わないとして除外した。そのうえで、法人が取得できる農地の権利は所有権も含めた。多分、農地の権利を貸借のみに限定しておくことは長くは持たないと判断したのであろう。他方で、株式会社除外はその後40年間曲がりなりにも維持できたのであった。このことからも、09年農地制度改正での「貸借による農業参入自由化」の行く末が見て取れるのである。

その他、農協による農地信託制度の創設、取得上限面積制限の緩和等の改正も自作農主義の農地行政を損なわない範囲のものであって、農業構造改革にはほど遠かった。(3)

農業生産法人に厳格な要件

農業生産法人については、制度創設当初は厳しい条件が付されていた。

（ⅰ）法人形態——農事組合法人、合名会社、合資会社、有限会社に限定した（株式会社を否定）。（ⅱ）事業要件——農業（あわせ行なう林業、農事組合法人はあわせ行なう共同利用施設の設置、農作業の共同化等の事業）及びこれに附帯する事業に限定した。（ⅲ）構成員要件——農地等を提供した個人及び法人の事業に常時従事する者に限定した。（ⅳ）借地制限——員外からの農地等の借入は法人の経営面積の2分の1にみたないこと。（ⅴ）議決権要件——常時従事者たる構成員が法人の議決権の過半数を保有すること。（ⅵ）雇用労働力制限——雇用労働力は2分の1以下であること。（ⅶ）配当制限——出資配当は年6％をこえないこと。

こうして道を開いた農業生産法人制度は、40年後の2000年には株式会社形態を容認するに至る（後述）。それ以前にも農業生産法人の要件緩和がたびたびあった。

①70年、前述の（ⅳ）～（ⅶ）を廃止、業務執行役員要件を追加した（農地の提供者でかつその法人の常時従事者たる構成員が、理事、取締役等の過半を占めること）。

②80年、業務執行役員要件を、常時従事者が過半を占めること、に変更した。

③93年、事業に「農業に関連する事業」を追加し、構成員の範囲を拡大した（農地保有合理化法人、農協等、法人から物資の提供等を受ける個人等を追加）。

こうした緩和措置にもかかわらず、**農業生産法人数**は90年代までは4000法人に達しなかった

（農事組合法人と有限会社が大半）。

（2）農地管理事業団構想とその挫折

62年農地法改正は暫定的であり、その後も農地改革の成果の維持を基本とした農地行政に対して、その変更が迫られていた。河野一郎農林大臣が農地制度の検討を指示し（61年8月）、省内議論や農地制度研究会での議論を本格化させていた。

その後、赤城宗徳農林大臣（63年12月就任）が農地管理事業団構想を打ち出し、農林省は65、66年と国会に「農地管理事業団法案」を提案した。だが、農地市場に公的機関が介入して農地移動を方向づけるといったわが国最初の構想は、〝貧農切捨て〟といった反対意見等の中で日の目を見なかった。かくして、構造政策推進のための政策検討は60年代後半へと持ち越されていく[4]。

4　自作農主義から借地促進政策への転換

（1）賃貸借による農地流動化を提起（67年「構造政策の基本方針」）

「構造政策の基本方針」（農林省、67年）が出され、農地政策も転換点を迎える。「基本方針」では、〝規模拡大が進展しないのは、基本的には農地価格の著しい高騰、農地の資産保有傾向の強まり等が起因している〃、〃現行農地制度は、耕作権が強度に保護されていて正規の賃貸借が進まない、賃貸借による流動化措置を積極的に講ずる必要がある〃とした。そして、賃貸借規制緩和を中心とした農地制度改正の方向を具体的に提起した。

(2) 自作農主義から借地促進へ (70年農地法改正)

70年農地法改正は、自作農主義を変更するものではないと説明しつつも、借地促進のために賃貸借規制を大幅に緩和し、さらには新たな農地流動化手法を導入するなど大幅であった。

なお、農地法は典型的な権利の設定・移転を許可の対象としており、経営受委託や請負耕作、全面作業受委託などは農地法の脱法行為だとしてきた。それが、70年農地法改正で、農協に限定したとはいえ「組合員の委託を受けて行なう農業の経営」に伴う農地の権利の取得を認めたことは、当時の農地行政担当部局としては大いなる妥協であった(5)。

大幅改正した農地法の特徴(主要事項)

①法律の目的の改正――「土地の農業上の効率的な利用を図るため」を追加した。提案趣旨説明では〃生産性の高い経営による効率的な利用を図るため、農地の流動化を促進し、農業構造を改善する〃とした。統制法たる農地法に構造政策、農地流動化の方向づけを入れることは、当時としては画期的なことであった。

②借地促進のための改正――（i）賃貸借規制を大幅に緩和――合意解約、10年以上の定期賃貸借や水田裏作の賃貸借の更新拒絶は許可除外とした（要農業委員会への通知）。小作料統制を廃止して標準小作料制度を創設、減額勧告制度を創設した。（ii）小作地所有制限を緩和――離農離村者は在村地主なみの小作地所有が可能となり、国から売り渡された農地は10年経過後は貸付可能となった。農地保有合理化法人への貸付地や農協への農業経営の委託に伴う小作地は所有制限の適用除外とした（この構造政策に寄与する貸付地の所有制限適用除外はその後も利用権等に拡大されていく）。

③権利の取得制限の緩和等――取得上限面積制限の撤廃・下限面積制限の引き上げ（取得後都府県50a、北海道2ha）を行った。小作農が書面で同意すれば小作地の第三者取得が可能となった。

④「農地の取得者（又はその世帯員）が必要な農作業に常時従事すると認められない場合は不許可」との条項が新たに追加された（常時従事者主義）。

⑤農地流動化手法の構築――（i）農地保有合理化促進事業――公益法人による農地保有合理化のための農地取得を可能にした（不許可の例外）。廃案となった農地管理事業団法案で構想した事業を主として都道府県段階で農地保有合理化法人を設立して実施する仕組みで、農地局で独自に立案したものであった(6)。（ii）農協の経営受託による農地の権利取得を容認するとともに、農協以外の者が経営受託により農地の権利を取得することを禁止する条項を新たに設けた。

こうして農地行政は、自作農主義から借地促進へと転換して、「農業構造の改善」へと進む。今日からみれば大した改正ではないと思われるかもしれないが、当時としては大改正であった。68年3月の国会提案から4度の提案、成立まで2年以上を要し、激しい論戦が繰り広げられた。マスコミも重要政策と位置づけて数多く論評した。

5　新たな賃貸借制度の創設と展開へ

農地政策の一大転換であった70年農地法改正後、農地保有合理化促進事業は事業量を増加させるが、農協の経営受託はきわめて少なかった。農地賃貸借規制の大幅緩和によって賃借権設定は増加傾向だったが（75年5900ha）、政策の要請レベルには遠かった。他方で、賃貸借の解約が大幅に増加し、農地改革残存小作地を含めてほとんどを「合意解約」で処理する状況へと変化していった。強固に確立されたかに見えた「耕作権」も賃貸借規制の緩和とともに変容・弱体化していった。

農業基本法のもとで増加を見込んだ**自立経営**は、60年の52万1000戸から80年には24万2000戸にまで落ち込む。70年代に入ると、行政は「自立経営」から一定の距離をおきはじめ、80年代には「**中核農家**」（基幹男子農業専従者がいる経営）が政策対象と位置づけられる（「80年代の農政の基本方向」）。同時に、兼業化等が著しく進む中で「各種の生産組織の育成」「高能率の営農集団の育成」「効率的な生産システムによる生産向上対策」等の方向が打ち出された。こうした中で、新たな農地流動化手法（新たな賃貸借制度）の検討へと向かう。

(1) 農用地利用増進事業の創設（75年農振法改正）

新たな農地流動化手法として農用地利用増進事業（75年農振法改正）を創設した。農地政策は、農地法を基本に据えながらも賃貸借に関する規制外しの手法としての利用権設定制度を農地制度の中に組み込むこととなった。戦後農地制度（農地賃貸借制度）の大転換であった。

この新たな農地流動化の仕組みの制度化には、四つの前提条件——（i）当事者間で権利関係の調整等を行なう農地の「集団的利用」、「自主的管理」の理念、（ii）農地法の耕作権保護の回避、（iii）短期賃貸借の設定、（iv）農地法以外での立法措置——があったとされる。[7]

農用地利用増進事業の仕組み

①利用権の設定——市町村が農用地利用増進計画を定め、公告することで利用権（賃借権及び使用貸借による権利）が設定される（農用地区域内での事業、小作地所有制限の適用除外）。

②利用権の終了——利用権は期間の満了とともに権利が消滅する（農地法19条適用除外）。

このように、まったく新しい賃貸借制度によって農地流動化が進められることとなり、**利用権設定面積**は急速に拡大していく（76年の２６００haから80年には２万７４００haに増加、貸借期間３〜５年程度）。

(2) 農用地利用増進法の制定(80年)

この農用地利用増進事業は、所有権移転等も取り込んだ新たな事業制度としての農用地利用増進法の制定へと向かう(80年、農地法改正、農業委員会等に関する法律改正とともに成立)。

農用地利用増進法の概要

①法の目的――〝利用権設定等促進事業その他の農用地利用増進事業を総合的に推進し、農業経営改善と農業生産力増進を図る〟とした。

②農用地利用増進事業の拡充――(i)利用権設定等促進事業(利用権(賃借権、使用貸借による権利、農業経営の受託に伴う使用収益権)の設定・移転、所有権の移転、開発して農用地等とする土地の利用権の設定等を促進する事業)、(ii)農用地利用改善事業(地区内の農用地の権利者の3分の2以上で組織する団体が農用地の利用関係を改善する事業)、(iii)農作業受委託の促進事業、を総合的に推進する。

なお、この法律で、「農作業の受委託の促進」が位置づけられたことは、農地制度上の画期的な変化であった。

③市町村事業として実施――市町村が事業の実施方針を策定し、農用地利用増進計画を作成・公告して権利が設定・移転される。

農用地利用増進法の制定によって、農地流動化推進のための法整備は一段落し、以降の10年間は農地法制の大きな改正はなかった。

(3) 農用地利用増進法の改正（89年）

87年頃から構造改革の加速化が一段と追求されて「構造立法」の検討が始まったが、国会への提出は断念した。その後、構造政策推進措置として農用地利用増進法を改正した。改正内容は、①市町村が農業構造の改善目標を設定する、②受け手が農業経営規模拡大計画を作成する、③農協による受託農作業のあっせんを促進する、の3点であった。

利用権設定面積は、農地流動化推進策（農地流動化奨励金の交付等）の強化もあって毎年大幅に増加し（85年4.1万haから08年15・0万haへ）、農地貸借の圧倒的部分を占める。他方で、**利用権の終了や賃貸借の中途解約**が大幅に増加して（両者の合計で、2000年5.3万ha、08年8.6万ha）、農地貸借が利用権中心のきわめて権利が弱く、流動的な貸借関係のものへと置き換わっていった。

6　農業経営基盤強化への政策展開

90年代に入ると、わが国農業・農村環境は一層厳しさを増す。ガット・ウルグアイラウンド交渉が進展しつつあり、農産物輸入自由化圧力は強まる。ラウンド合意からWTO体制へと移行するこの時期から、わが国農業の担い手や農地制度に関する政策方向が大きく変化しはじめる。「新しい食料・農業・農村政策の方向」(「新政策」、92年)では、担い手として、「**効率的・安定的経営体**」(主たる従事者1人当たりの生涯所得が他産業従事者と遜色のない水準を確保できる経営体)の育成を打ち出す。農家概念を超えた経営体(個別経営体、組織経営体)の登場であり、それは、「法人化の促進」、「農業経営における株式会社化」へと展開していく。70年代から政策対象としてきた**中核農家**は、75年の125万戸から、90年には44万戸にまで減少し、中核農家もまた政策対象から外れていった。新たに登場した担い手が「**認定農業者**」(**含、法人**)である(「効率的・安定的経営体」とは同義にあらず)。

(1) 農業経営基盤強化促進法の制定(93年)

「農業経営基盤の強化のための関係法律の整備に関する法律」(農用地利用増進法、農地法、農協法、土地改良法等を一括改正)が93年に成立した。「農用地利用増進法」を「農業経営基盤強化促進法」(「基盤強化法」)に変更したことに示されるように、「農用地の利用の増進」から「農業経営基盤の強化」への大幅な政策変更である。かつ、行政が構造改革に積極的に介入する方向を明確にした。

基盤強化法の概要

①法の目的――〝効率的かつ安定的な農業経営を育成し、この経営が農業生産の相当部分を担う農

業構造を確立する。そのための農業経営育成目標の明確化、認定農業者への助成措置等を総合的に実施する〃とした。

②認定農業者制度――農業者の「農業経営改善計画」を認定し（認定農業者）、認定農業者への利用権設定等の促進その他の助成措置を強化する。行政（市町村）が担い手を特定して、そこに施策を集中する行政介入強化を明確にした。

③農業経営基盤強化のための措置――（ⅰ）都道府県の基本方針の策定、市町村の基本構想の策定、市町村による農用地利用集積計画の作成・公告の事業を積極的にすすめる。（ⅱ）農業経営基盤強化促進事業（利用権設定等促進事業、農地保有合理化事業、農用地利用改善事業、農作業受委託促進事業等）を促進する。（ⅲ）「農用地利用集積計画」の作成に土地改良区の申し出による場合を追加した。

④農地保有合理化事業の法定化――これまでは農地法第３条で位置づけていた「農地保有合理化促進事業」を本法に移し、農地保有合理化事業及び農地保有合理化法人の要件等を規定した。なお農地保有合理化事業に農地信託事業、農業生産法人出資育成事業、研修等事業を追加した。

⑤特定農業法人制度の創設――農用地利用改善団体が、地区内の農用地を特定の農業生産法人に集積することを農用地利用規定で定め得ることとした。

（2）基盤強化法の改正（95年）

基盤強化法の改正は、ガット・ウルグアイラウンド合意に関連してその対策の一環として行なわれたもので、農地保有合理化事業、農地保有合理化法人の機能強化が中心であった。

①農地保有合理化支援法人制度――農地保有合理化法人の業務を支援する法人を全国に一つ農林水産大臣が指定することとした。これまで同種の業務を行なってきた（社）全国農地保有合理化協会を支援法人として指定した。

②農地保有合理化法人による農用地の買入協議制度を創設した。

こうして、認定農業者の育成を中心に据えた農地流動化施策を進めてきたものの、**認定農業者数**は09年で24万９０００（うち法人１万４０００）、増加テンポは鈍化しており、今後とも大幅増加は望み薄である。

7　農業の株式会社化、一般企業の農業参入への政策展開

食料・農業・農村基本法では、効率的かつ安定的な農業経営の育成、農業経営の法人化が謳われ、これまでタブー視されてきた農業生産法人の株式会社形態について２０００年農地法改正で道を開いた。それにとどまらず、02年「食と農の再生プラン」（農水省）の具体化にあたっては、企業一般に

よる農業参入・農地取得の容認などの法改正や農業分野での構造改革特区の検討が進められて、02年には構造改革特別区域法（特区法）で一般企業に農地取得（借地方式）の道を開いた。(8)財界はこれに満足せず、さらなる規制緩和を求め続け、その要求に沿っての基盤強化法、農地法の改正等が矢継ぎ早に進められた。

（1）農業生産法人に株式会社形態を容認（2000年農地法改正）

2000年農地法改正では、以下のように農業生産法人に株式会社形態を容認するとともに、構成員要件を緩和した。

①農業生産法人の要件緩和——（ⅰ）農業生産法人の形態に株式会社（株式譲渡制限のあるもの）を追加した。（ⅱ）事業要件を主たる事業が農業（含関連事業及び林業等）であること（売上高の過半）に緩和した。（ⅲ）構成員に、ア、地方公共団体、イ、農業生産法人から物資の提供等を受ける法人（従来は個人のみ）、ウ、農業生産法人に物資の提供等を行なう者（法人を含む）を追加した（議決権制限は従来どおり）。（ⅳ）業務執行役員要件を「農業（関連事業を含む）に常時従事する構成員が理事等の過半」に緩和した（従来は農作業に常時従事）。

②農業生産法人への是正勧告等——農業生産法人は毎年事業状況等を農業委員会に報告し、農業生産法人が要件を欠く場合には、農業委員会による是正勧告、立ち入り調査等を行なう。

その後、**基盤強化法改正でさらに緩和（03年）**——認定農業者たる農業生産法人は、（ⅰ）関連事業者等が出資している場合は議決権制限から除外、(ⅱ)一般企業等の議決権等は2分の1未満まで可能(農地法の特例措置)、とした。**商法改正(会社法制定)に伴う農地法改正(05年)**で、農業生産法人の形態は、(ⅰ)農事組合法人、(ⅱ)株式会社(公開会社でないもの)、(ⅲ)持分会社(合名会社、合資会社、合同会社)となった。

90年代以降、**農業生産法人**は増加して、2000年6000法人、05年7900法人、08年1万500法人、09年1万1800法人に達した。

(2) 一般企業(特定法人)の農業参入(02年構造改革特別区域法)

特区法によって一般企業等がリース方式で農業に参入する道を開いた(「農業特区」)。

①一般企業等の農業参入——特定法人(農業生産法人以外の法人)で、(ⅰ)1人以上の業務執行役員が耕作又は養畜の事業に常時従事し、(ⅱ)耕作又は養畜の事業を適正に行うと認められるものは、(ⅲ)地方公共団体等と協定を結び(契約違反の場合は契約解除)、(ⅳ)貸付事業主体からの農地の借入が可能となった。

②貸付事業主体——耕作放棄地等が相当程度存在する区域(特区)において、地方公共団体(都道府県を除く)又は農地保有合理化法人が特定法人への貸付事業を実施する。

（３）特定法人の全国展開（05年基盤強化法・農地法改正）

その後政府は、特区による農地法の規制を緩和しても地域の農業や土地利用等に問題を生じさせないとして、一般企業の参入を全国展開すべく基盤強化法改正で「特定法人貸付事業」を創設した。特定法人貸付事業――（ⅰ）県の基本方針、市町村基本構想に特定法人貸付事業を位置づけ、（ⅱ）市町村又は農地保有合理化法人が特定法人に農地を貸付ける仕組とした。

ここに至って、農地制度本体で一般企業の農地取得（農業参入）に道を開いた。これを布石として、09年農地制度改正で借地による農業参入自由化へと向かう。

特定法人は、09年12月までに４３６法人、１３５６ha（１法人当たり面積3.1ha）であった。

８　農地制度の大改変へ

２００９年農地制度改正は、これまで以上に財界の圧力に乗ったものであった。日本経済調査協議会の「農政改革を実現する（提案）」（06年）を受けて経済財政諮問会議（とくに民間議員）が「**平成の農地改革**」なるものを打ち出し、規制改革・民間開放推進会議がそれに追い討ちをかけた。農水省がそうした要求に沿って農地制度改正へと向かった（**「農地改革プラン」08年12月**、農林水産省）。農地法等の一部を改正する法律案は、衆議院で修正可決、09年６月に参議院で成立した。

（1）借地による農業参入自由化へ（09年農地法改正）

今次改正は、法律の目的の大幅変更、借地による農業参入自由化、重要条文の大幅削除などきわめて大掛かりなもので、わが国の農地制度を大きく改変した。

①法律の目的の変更――「……農地を農地以外のものにすることを規制するとともに、農地を効率的に利用する耕作者による地域との調和に配慮した農地についての権利の取得を促進し」とした。

②借地による農業参入を自由化――（ⅰ）次の要件を満たせば許可される。ア、借人が継続的かつ安定的に農業経営を行うと見込まれ、イ、賃貸借等の契約書に適正に利用しない場合の解除条件が付され、ウ、借人が法人の場合は、業務執行役員の1人以上が事業に常時従事すると認められる場合（個人の場合は自らが農業従事する必要なし）。（ⅱ）継続的かつ安定的に農業経営を行っていないと認められる場合等で、当事者間で契約解除しない場合等は許可を取り消す。なお、賃貸借期間（民法604条）の例外として最大50年まで可能とした。

こうした相対貸借での「解除条件付き契約」は、貸し手が農業から離脱した後では貸し手の解除動機はきわめて弱い。加えて、契約解除後に誰が耕作するのかといった問題に直面する。許可権者の「許可取り消し」も同じような事態を招くし、時間の経過とともに事情変更といった厄介な問題もからみ、おいそれと手を出せないのが実態であろう。契約の解除や許可の取り消しは事実上機能しない仕組みではないか。

③重要条項を廃止――農地法の要であった小作地所有制限、国による買収・売渡（農業生産法人に対する買収条項は存置）、標準小作料制度・減額勧告制度、未墾地の買収・売渡、薪炭林等での利用権設定、草地利用権設定などの条項を、すべて廃止した。

小作地所有制限や買収条項は、農地取得の規制、農地転用統制といった仕組みと一体的に運用されることによって、不耕作目的での農地取得を厳しく抑えてきた。この小作地所有制限の廃止等は、今後の農地制度に重大な影響を与えることになろう。

④農業生産法人の要件緩和――（ⅰ）農業生産法人の構成員に、その法人に農作業を委託している個人を追加した。全戸加入型の集落営農組織の法人化の促進といった意味あいも込められているのであろう。（ⅱ）議決権制限を、関連事業者の議決権の合計は４分の１以下、法人の経営の改善にとくに寄与する者（政令で規定）が構成員の場合は、関連事業者の議決権合計は２分の１未満に緩和した。

⑤農地権利者の責務を追加――（ⅰ）農地の権利者は、当該農地の農業上の適正かつ効率的な利用を確保することを義務づけた。（ⅱ）相続等による権利取得の場合を届出制にした（従来は不要）。

⑥農業委員会による農地保有状況、借賃等の動向、その他の農地関係情報の収集、分析、情報提供等の業務が追加された。農地権利取得下限面積基準は農業委員会が設定することとされた(9)（従前は知事）。

農業委員会は市町村の大型合併や定員削減等で農業委員が大幅に減り、事務局体制も職員の兼務化・人員削減等で弱体化している。そのなかで仕事が大幅に増えた。しかも、農地転用処理等での対応の不十分さなどもあって監視の目は厳しい。農業委員会がどれだけまともに対応できるかが試されている。正念場である。

(2) 農地流動化施策の改変 (09年基盤強化法改正)

基盤強化法の改正は、以下のとおりである。

①農地利用集積円滑化事業を創設——(i)事業の種類は、ア、所有者の委任を受けてその者を代理して行う農地所有者代理事業(農用地の売渡、貸付、農業の経営、農作業の委託)、イ、農地売買等事業、ウ、研修等事業の3種類である。

(ii)事業の実施主体(農地利用集積円滑化団体)と事業の範囲——(A)市町村、農協、一般社団法人・一般財団法人(市町村(含農協)が社員となっている一般社団法人は、議決権の過半を、市町村(含農協)が基本財産の拠出者となっている一般財団法人は、基本財産の過半を有すること)の場合は、ア、イ、ウ、の事業を実施できる。ただし、ア、のみが必須事業である。(B)その他の営利を目的としない法人(営利を目的としない法人格を有しない団体で、代表者を定め、その直接・間接の構成員からの委任のみに基づいて行うものを含む)の場合は、農地所有者代理事業のみを行える。

②農地保有合理化事業の縮小——農地保有合理化事業の範囲は従来どおりである。ただし、事業実

施は都道府県農業公社のみが実施できる（都道府県の基本方針で位置づけ、市町村基本構想から削除）。

③農用地利用集積計画――借地による農業参入自由化を利用集積計画で処理する場合の規定を整備した。

こうして農地流動化手法は、新たな仕組みへと移行する。だが、行政が期待するほどに展開しうるのか否か、推移を見守るしかない。

企業の借地方式による農業参入の新たな動き

今次改正の目玉たる企業の借地による農業参入自由化措置によって、法施行半年間で**企業の農業参入が１４４法人**（株式会社95、特例有限会社26、ＮＰＯ10等）、５０４ha（1法人当たり面積3.5ha）である。参入テンポは特定法人制度の場合よりも明らかに速い（個人の借地方式による参入は今のところ未公表）。企業の所在地や権利取得者の居住地と無関係に全国どこでも参入が可能であり、かつ相対取引ではいとも簡単に参入が進むのである。

この借地方式による企業の農業参入や個人の参入が大幅に増加すれば、次なる要求は所有権取得自由化である。さらに進んで、貸付地の耕作者付きでの所有権売買（不耕作目的での農地取得）自由化要求へとつながる。それを拒否する力を、農林行政や農業界が持ち続けることができるかが問われる。

9　おわりに
——農地制度の行方と農業・農村

農地法制定から60年を経過するなかで、大括りして6回の農地制度改正が行なわれているが、90年代末以降は、従来の改正路線を大きく変更した。農業経営の株式会社化、一般企業の農業参入の促進のための農地制度改正へと舵をきったのである。とりわけ、２００９年は従来の農地制度を断絶させるような改変であった。

（1）新しい農地制度が施行されて1年程度ではその影響・効果を正確には見極めようがないのだが、いくつかの変化は確認できる。

①農地流動化手法に関しては、霞が関のスケジュールでは10年秋からは「農地利用集積円滑化団体」が華々しく活動を開始する予定であった。だが、現場はそうはいかない。11年度以降にずれ込んで動き出すところもあるし、そもそも今まで農地流動化に十分に取り組めなかった市町村に、全国一律に同じ手法を国が押しつけて、果たして動くのだろうか。１９７０年以降さまざまに積み上げてきた農地流動化事業を潰してまで新たなものを生み出すことは、霞が関ではいとも簡単なことだが、実際に動かすのは農村現場である。そこで戸惑いがあれば停滞（後退）することは明らかである。果たしてこのような手法がこれまでの手法以上に機能するのだろうか。

②他方で、借地方式による企業の農業参入は法施行わずか半年間で１４４法人。個人による同種の

参入は明らかとなっていないが、相当量見込まれるであろう。また、大手企業による子会社たる農業生産法人を設立しての農業参入も活発である。さらには、多くの市町村での農地取得下限面積引き下げによって、新たな農地取得の動きもかなり見られるという（それが市民農園的利用の延長的なものなのか、農業への本格参入の準備段階的なものなのか、その実態は不明）。こうして農地移動がかなり様変わりするであろう。今後、農地移動の変化を丁寧に分析して農地制度上の課題を解明することが求められる。

（2）企業の参入について、農水省は盛んに宣伝しているが、それはさらなる問題状況へと展開するのである（財界の思う壺）。企業の農業参入が進めば、農地所有権取得自由化要求、農地制度改正要求が一気に強まる。現に、菅首相は、２０１１年6月までにはＴＰＰ（環太平洋経済連携協定）への参加の結論を出す、開国と農業再生を同時に進める「尊農開国」だ、企業の参入要件緩和のために「農地制度改正」が必要だと繰り返している。なぜ、そのような道を選択しなければならないのか。

（3）指摘するまでもなく、農村現場では多くの課題を抱えている。農地面積は４６０万haを切り、耕作放棄地は40万ha（センサスベース）、認定農業者は停滞気味である。こうした事態を打開するために農地制度をさらに改変して企業の農地取得・参入を促進しても解決できないことは明らかだ。参入した企業も損をすれば逃げ出すか、農地の他用途利用・転用機会を窺う。さらには、国内資本のみならず海外ファンド、中国資本等が投機目的での土地取得を狙っている[10]。これ以上の農地制度の改変は、国土、国家の売り渡しに繋がりかねない。〝第三の開国だ〟、〝農地制度規制の緩和だ〟と能天気なことを言っている時ではない。TPPへの参加や農地制度のこれ以上の改変は、わが国の農民のみならず国民、国家、国土を混乱、疲弊へと導く。わが国を滅ぼす「壊農亡国」の道である。今こそ国民、国家、国土をいかに守り抜くかを真摯に考えるべきである。

（4）農村現場でいま重要なことは、農業・農業経営、農地、森林等の地域資源・環境、地域産業、地域社会を守り抜くことである。それを担うのは、個別経営であれ集団的な組織であれ、地域に根ざした生活・生産実態を有する者（担い手）である。それは地域総がかりで進めなければ埒が明かない。自由放任的に外国資本や大企業の思いのままに任せることではない。ましてや、農地制度をこれ以上改変することではない。政府に農業・農村の維持発展、食料主権の確保、基本食料の国内生産の拡大、国民生活の向上に本気で取り組む気概があるのなら、農地制度を守り抜く意思を明確に示し、農業・農村発展の総合的で実効性のある政策を打つべきである。さらには、森林等の野放図な取得を規制することを真剣に検討すべきである。

注

（1）農地買収は世帯単位で行なわれ、不在村地主は全ての、在村は都府県平均で1町歩（北海道は4町歩）を超える小作地を買収。自作地・小作地合計が都府県平均で3町歩（北海道12町歩）を超える農地も買収した。

（2）農地法提案理由では、〝家族農業経営の零細化を防ぎ、中堅自作農を育成することが肝要、農地改革の原則を従来同様維持する〃と説明。また、農地取得の上・下限面積制限は、〃農地取得に一定の方向性を示し、中庸の農家で適正な経営を営むに足るものに優先権を与え、中堅自作農を育成する〃とした（国会審議での答弁）（農地改革資料編纂委員会『農地改革資料集成』第12巻、（財）農政調査会、１９８０年）。

（３）農地法改正施行通達（62年）で、「農業基本法に基づく農業構造の改善の施策の一環として農地保有の合理化と農業経営の近代化を図るため、農地法の基本趣旨をそこなうことのないような配慮」のもとに、適切な運用に努めるよう指示していた。

（４）拙稿「農地問題と構造政策の展開」戦後日本の食料・農業・農村問題編集委員会編『戦後日本の食料・農業・農村　高度経済成長期Ⅲ』農林統計協会、２００４年。

（５）これらの経緯の詳細は、農地制度史編纂委員会『戦後農地制度資料』第５巻、（財）農政調査会、１９８５年。

（６）農地保有合理化促進事業の創設経緯については、本書巻末〈記録資料〉「中野和仁先生に聞く――昭和45年農地法改正をめぐって」参照。なお、農地保有合理化事業の実績等は、拙稿「農地保有合理化事業35年の軌跡―制度の展開と実績―」『土地と農業』No.36、全国農地保有合理化協会、２００６年。

（７）関谷俊作『日本の農地制度』（財）農政調査会、２００２年。

（８）構造改革特区制度を推進した当時の武部農相は、所有権取得方式の採用を最後まで主張したとされる（農地制度資料編さん委員会『農地制度資料（平成18年度）』第６巻、（財）農政調査会、２００７年。

（９）農地取得の下限面積の引き下げは、１００６農業委員会（全体の57％）、下限面積区分別には、10ａ未満が１７８農委、～20ａが２８７農委、～30ａが５２５農委、～40ａが３１０農委である（複数の下限面積区分をしている市町村がある)。北海道でも下限面積10aの市町があり、定年就農、新規就農も増加しているという(「全国農業新聞」2010年12月17日)。

(10) 外国資本による森林等の買収の実態について、林野庁が土地取引の届出情報を参考に調査した結果、2006年からの4年間に25件・558ha、北海道が中心で、取得者は香港、シンガポール、オーストラリア等、取得目的は、「転売目的」、「資産として保有」等(「日本農業新聞」2010年12月10日)。だが、これは氷山の一角にすぎない。北海道での中国資本の取得や対馬での韓国資本の取得など多くの事例が報告されており、その面積はすでに膨大である。また、北海道日高町ではダーレー・ジャパンが農業生産法人を設立して、既存農業生産法人を子会社化して農地を増やし、西山牧場(400ha)など7牧場以上を買収している。斡旋しているのは地元農協であり、ダーレーグループは中東マネーであるが、表に出ていない、という(『グローバル化時代にふさわしい土地制度の改革を』東京財団、2011年)。

第2章　農地制度「改革」とそのゆくえ
――地域農業と地域資源たる農地はどうなるか

1　課題と視点

（1）2009年農地法改正の歴史的位置

「平成の農地改革」を標榜して2009年6月に農地制度の大改正が行なわれた（同年12月15日施行）。その準備段階で農水省が2007年1月に設置した農地政策有識者会議の初期の議論では、ここまでの大改正になるとは予想されなかったが、2007年5月の経済財政諮問会議グローバル化改革専門調査会「第1次報告」（内容は後述）の公表以降、財界サイドの強い圧力のもとで制度改正の方向に大きな転回が画され、それが結局、２００８年12月の農水省「農地改革プラン」と２００９年２月の政府法案に帰結した。

「平成の農地改革」を標榜したこの制度改正の最大の眼目は、戦後農地改革の上に立った旧農地法の理念・目的からの脱却を行ない、「農地貸借の自由化」により、機械と労働力さえあれば、個人か法人かを問わず、誰でも、どこでも、自由に農業参入ができるようにしたことである（傍点筆者。以下同様）。例えば、東京に本社のある食品会社が鹿児島県で、地元の元農家から相対で農地を借り受け、派遣した従業員により、食品会社の事業活動の一部として、農業経営を行なうことが可能となる。農業生産法人制度も、農外企業等の参加・参入を容易化する方向で改正された。農地政策のこの方向は、食料・農業・農村基本法制定後の一連の農地制度改正の上に立ち、かつ、土地利用型農業での規模拡大の主流が賃貸借――主要には農業経営基盤強化法（以下、経営基盤強化法）上の利用権――であること(1)を踏まえたもので、もはや後戻りすることはない。戦後の農地改革から60年を経て、日本の農地制度のベクトル・方向性は逆転したのである。

農地法1条の目的規定も、全面的に書き換えられ、旧1条の冒頭にあった自作農主義に係る文言は消失した。地主制の否定のいま一つの象徴であった小作地所有制限も廃止・撤廃された。自作農・小作農、自作地・小作地、小作料等の言葉も、法文から姿を消した。また、国会修正前の政府法案では、「耕作者」という言葉も忌避され、旧1条の「耕作者の農地の取得を促進し」という文言は、「農地を効率的に利用する者による農地についての権利の取得を促進し」に置き換えられていた。これらの点も、今回の制度改正が戦後これまでの農地制度から離脱しようとしたものであったことを示している。

農地貸借の自由化は、法制度上では農地法の権利移動統制の緩和・改正として規定されるが[2]、実態上では、農地を保有して農業を行なう経営主体の自由化と多様化を可能にする措置である。そしてその狙いは、見方を変えて言えば、生産資源としての農地の保有——さしあたりは農地の利用——の配分の基準と仕組みを将来に向けて変更することにほかならない。このことが、これからの地域農業と農村社会のあり方、さらには地域の再生にとってどのような影響を及ぼしていくかを検討するのが、本稿の主たる課題である。多岐にわたる他の改正点については、本書の各章で別途検討されるであろう。

(2)「道半ば」の「改革」とそのゆくえ

そのように課題を絞った理由は、貸借の自由化にかかわる今回の改正点が様々な意味で「道半ば」の状態にあり、その行きつく先はどこなのかを問う必要があると考えるからである。近い将来に新たな制度改正がありうることは、改正法＝農地法等の一部を改正する法律の附則19条4項・5項にも示されている（施行後5年を目途として、改正法の実施状況等について検討を加え、必要があると認めるときは、新たに必要な措置を講ずることを規定）が、実質的にみても、以下のような重大な不確定要素が存在する。

第一に、貸借の自由化による企業等の参入がどう進み、どのような効果をあげるか、また、それが農業構造と地域農業にいかなる影響を与えるかは、なお未知数である。

第二に、改正法は、貸借の自由化を行なう一方で、新たな借地経営主体の参入が地域の農業や農村社会に混乱をもたらすリスクを避けるため、借地経営主体の参入と農業経営・農地利用のあり方を、「地域農業との調和」を旨として適正に枠づけるための法的仕組みを用意した。それは、「地域的農地管理の新しい仕組み」とも評しうるものである。この仕組みの運用は、農業委員会（および部分的には市町村長）に委ねられるが、それが現実にどう機能していくかは、今後をみなければわからない。そして、その運用や機能が不十分であると判断される場合には、その仕組みと農業委員会制度を見直すことが予定されている。

第三に、最もクルーシャルな問題は、次の改正では「農地の所有権取得の自由化」まで進むのではないかという危惧である。この問題は、改正法の成立直後からすでに登場していたが、２０１０年秋以降、民主党菅内閣のＴＰＰ（環太平洋経済連携協定）への参加意思の表明によって一挙に現実味を増してきた。実際、菅首相自身が、ＴＰＰへの参加による「第三の開国」、そのための企業参入促進による農業構造改革、そのための農地制度の再改正・大幅規制緩和を声高に叫んでいるのである。かつて「農地法違憲論」を唱えた前歴のある菅首相の説く大幅な規制緩和の内容がどうなるのかはまだ不明だが、そこに向かう議論のなかで「所有権取得の自由化」論が再燃することは十分に予想できる。また、必要な改正事項としてすでに提起されている農業生産法人の要件緩和、すなわち農外企業等の出資比率制限の大幅緩和が、実質的には「所有権取得の自由化」に準じる意味をもつことも看過されてはならない。

しかし、「所有権取得の自由化」まで進んだ場合には、問題の様相は一挙に異なったものとなる。地域農業と地域の再生にとって、それは果たしてどのような意味をもつことになるのか。これは、あらかじめ慎重に吟味・検討しておくべき喫緊の課題である。

以上のような認識に立って本稿では、上で指摘した「道半ば」の要素に関する主要な論点を順次検討し、最後に、今後に向けたより望ましい選択肢はないのかを考えてみたい。

2　貸借の自由化の制度的内容と「道半ば」の諸要素

（1）制度改正の内容と特徴

第一に、貸借によるのであれば、誰でもどこでも、自由に農業参入ができるようになった。食料自給率の低さ、耕作放棄地の増大、農業従事者の急速な減少と高齢化、反面での担い手不足などに示される危機的状況に対処し、農業の構造改革を実現するには、農外から新たな経営主体を自由に参入させる必要があるというのが、その論拠である。

したがって、この自由化＝規制緩和の根幹は、先述のように、農地を保有し農業を行なう経営主体の自由化と多様化にある。同時に行なわれた標準小作料制度の廃止と小作地所有制限の撤廃、20年超～50年以下の長期賃貸借の許容も、新たな借地主体にとっての自由な参入と競争条件を確保するための改正といえる。農地の面的集積を図る農地利用集積円滑化事業も、既存経営のためだけではなく、中長期的には参入借地主体の効率的な経営展開を支える意味をもつ。他方、下限面積制限の引き下げは、主要には個人を念頭においた、農地保有・農地利用主体の多様化のための措置である。そして、これらの改正点との関係では、農地は、基本的に生産資源ないし経営資源としてとらえられている。

ただし、第二に、いま一方で改正法は、参入借地経営主体の農業経営や農地利用が地域農業と調和してなされることを確保するため、一連の新しい要素を農地制度に付加した。それが、先述した「地域的農地管理の新しい仕組み」であり、その点にかかわる諸規定は、国会修正でいっそう強化・明確化されている。(3) その内容は以下のようである。

まず、①農地法1条には、農地が国民のための限られた生産資源であると同時に、「地域における貴重な資源であること」が掲げられた。そして、②農地についての権利の取得は、「耕作者自らによる農地の所有が果たしてきている重要な役割も踏まえつつ」、「農地を効率的に利用する耕作者による地域との調和に配慮した」ものであるべきことが規定された。

そのうえで、③法3条は、一般企業等による貸借を「解除条件付き」の例外的な貸借＝いわば「特例貸借」と位置づけ（3項）、④その借地主体に対しては、農地の権利取得者一般に要求される農地利用の要件＝いわば「周辺地域の農地利用との調整要件」（3条2項7号）に加えて、⑤それを超える特別の諸要件を課した。具体的には、㋑農地の「適正な利用」の義務（その義務への違反が当該契約の一方的な解除事由となる。3条3項1号）、㋺「地域の農業における他の農業者との適切な役割分担の下に継続的かつ安定的に農業経営を行う」こと（2号）、㋩法人の場合は業務執行役員の一人が農業に常時従事すること（3号）[4]である。㋺と㋩は、国会修正で追加された規定で、いわば「追加的な地域農業との調和要件」と呼ぶことができる。これらの要件がすべて満たされるときにはじめて、農業委員会は特例貸借を許可できるのである。

そして、⑥以上の諸要件の充足または違背の状況を農業委員会（および一定の範囲では市町村長）が事後的に監視すべきこととし、借地主体には農地の利用状況について毎年の報告義務が課される（3条6項）。⑦「適正な利用」義務への違背があれば、賃貸人が貸借を解除でき、さらに、賃貸人が解除しない場合には、農業委員会または都道府県知事が貸借の許可取消をしなければならない（3条の2第2項1号）。また、⑧借地主体が上記の④および⑤の㋺、㋩のいずれかの義務・要件を満たさなくなっていると認めるときは、農業委員会はその是正措置を勧告し、借地主体が勧告に従わなかったときは、許可を取り消さなければならない（3条の2第1項、2項2号。なお、63条の2も参照せよ）。さらに、⑨当該貸借が経営基盤強化法上の利用権である場合については、同法中に同旨の一連の規定が定められ、かつ、市町村の経営基盤強化基本構想の中で上記の諸要件の内容をより詳細・具体化する仕組みが用意されている（同法6条とくに2項3号の新設）。

他方、第三に、⑩農地の所有権の取得については、従来どおりの規制を維持して、農作業常時従事要件を充たす個人または農業生産法人に限定した（農地法3条2項2号、4号）。要するに、農地の所有権と貸借・利用権とで、権利取得者に関する規制の原則を切り分けたわけである。その理由は、立案当局者によれば、例えば産廃置場にするとか、無断転用するとかの不適正利用が生じた場合に、貸借なら解除や許可取消などの事後的な規制措置によって対処できるが、所有権移転があった場合には、そのような事後の規制・対処措置ができなくなるからだと説明されている。そして、⑪転用規制の原則も、新たに農地法1条の冒頭に明記し、違反転用の罰則強化等の一定の規制強化の改正を行なった（転用規制の問題の詳細は第11章参照）。

(2)「道半ば」の諸要素

しかし、以上の改正点の内容には、その効果、実効性や影響の如何をはじめ、その今後がどうなるかが定かでない要素が多々存在する。

第一に、特例貸借での企業等の参入がどう進み、その効果や影響がどうなっていくかは、なお未知数である。法施行後約7か月間の参入法人数は、農水省の調査では144件で（2011年1月末では328件になる）、その数は、改正前の特定法人貸付事業での参入数（2009年9月1日現在で414法人。構造改革特区の導入から法施行までの6年9か月の総計では436法人）より明らかに加速化しているが、将来の趨勢を見通すにはなお年数を要しよう（個人の参入状況についてはデータがない）。

事実、マスメディアに登場する優良経営の事例もある一方で、赤字と経営難を抱える企業や、すでに撤退した企業も少なくない（2011年1月末までの撤退数は51件）。参入法人の平均借入面積も、改正法施行前のものでは3.1 ha、改正法施行後の上記144件のものでも3.5 haでしかない。この点は、参入法人の経営の多くが露地野菜や施設野菜を主要作目としていることに対応するものとみられるが、いずれにせよ、それらの参入法人が経営する借入面積の総計は、2010年6月末の時点で、いまだ1886 haにすぎないのである。さらに、土地利用型農業の中心をなす稲作での新規参入がどうなるのかは、簡単には予測をつけがたいことのようにみえる。

他方、翻って最近の農業構造の変化の状況をみると、既存の経営体でも5 ha以上の経営体が、都府県の2005年の数値で5万5000経営以上あり、その数は、この5年間で顕著に増加して、2010年には6万7800経営となった。その増加率は、5～10 ha層では3.1％増、10～20 ha層では10・0％増、20～30 ha層では18・6％増、30 ha以上層では21・8％増と、規模が大きくなるほど高くなっている。また、法人化している経営体数も、2010年には全国で2万2000経営体となり、この5年間で3000経営体増（増加率16％）である（数値は「2010年農林業センサス結果の概要（概数値）」）。もちろん、これら上層の大規模経営体の増加の中には、多数の組織経営体、とくに水田・畑作経営所得安定対策を契機に加速された集落営農組織の増加分が含まれているとみられるが、それもまた、各地域の農家・農業者の地域農業の維持・発展に向けた取組みであることには変わりがない。

このような、大部分は地域に根差した既存の経営体の発展方向を支え、その存在をより分厚くより強固なものに育成していくことも、農業構造の改革の重要な課題であると筆者は考えるが、[5] そうした地域発の経営体の展開と、特例貸借で参入する一般企業等の借地経営との競合・競争関係（あるいは相互補完関係）が多様な農村地域において今後どのように推移していくのかも、これからの問題に属する。

第二に、先にみた改正法の新しい諸要素は、その競争・競合あるいは相互補完関係を地域農業の実情に即して調節していくための手段＝「地域的農地管理の新しい仕組み」を各地の農村現場に付与する可能性をもつ。しかし、それが現実にどう機能していくかは、これも今後をみないとわからない（詳細は原田・前掲②論文）。

すなわち、改正法の政省令・運用通知・処理基準をみると、特例貸借の許可、解除、許可取消とその事後処理・後始末などに関し、相当に詳細な判断要素と判断基準、許可条件等が記されている。とくに市町村長による農用地利用集積計画の公告で設定される利用権の場合には、経営基盤強化基本構想中でその内容をより詳細化し、利用権取得や農用地利用の方向づけを行なうことも可能な仕組みになっている。そこには、〈地域の農業と農業者 vs 地域外からの参入農業者〉という構図の想定が見受けられるが、その仕組みの射程は、単にそれだけにとどまるものではなく、より一般的な広がりをもつ。事実、生産資源、地域資源としての農地の位置づけ、それを前提とする「農地の農業上の適正かつ効率的な利用」の責務（農地法2条の2）、「周辺地域の農地利用との調整要件」（3条2項7号。

前出）などは、すべての農業者を対象とする規定である。

したがって、農業委員会や市町村長がその仕組みを実効的に運用していくことができれば、その仕組みは、単に特例貸借での参入借地経営だけでなく、当該地域の農業と農業経営の将来のあり方を地域単位で全体として方向づけ、規律していく手段となる可能性をもつ。筆者が比較研究の対象としてきたフランスの場合には、中山間地域への新たな梃入れのために制定された１９８０年の第二の「農業基本法」によって地域単位の「経営構造コントロール制度」を確立し、その基盤の上で「地域化された構造政策」を推進してきた。１９８０年基本法の最大の狙いは、その制度と、「青年農業者自立助成政策」（一人前の農業経営者として自立する35歳未満の青年農業者に対して、当該地域の条件不利の度合いに応じて算定される多額の補助金を計画的に交付する制度）の確立・推進とを通じて、条件不利な諸地域においてもできるだけ多数の「存続可能な＝viable（生きていけるという意味）」家族的農業経営の維持存続を図ることにあった。その背後には、その地に居住して農業活動を行なう農業者がいなければ、そうした地域は維持できないという明確な政策理念があり、上記の制度と政策は、以後のフランス農政の中核的柱となる（その内容は原田・前掲③論文参照）。その推移と成果をみてきた筆者からすれば、それに類似する仕組みがようやく日本でも登場する可能性があるのかという、いわば期待的な評価もしてみたくなるわけである。

しかし、それはいまだまったくの抽象的可能性でしかなく、現実には、むしろ多くの困難な問題が山積している。例えば、①特例貸借に定めるべきものとされる各種の約定（解除条件と解除時の後始末、その事態を避けるための適切な役割分担をする旨の確認書、撤退・明渡の場合の原状回復・費用負担・違約金に関する約定等）は、基本的に民民・相対の契約上の特約事項である。貸し手がそれをどう使いうるか——最終的には民事の裁判手続に訴えることが必要だが、そこまでやれるかどうか——は不明である。

また、②農業委員会（利用権の場合には市町村長）が許可・不許可、許可取消（利用権の場合には公告の取消）等の決定・処分を行なうためには、参入借地主体の農業経営と農地利用の実態を事前的かつ事後的・継続的に調査し、所定の要件の不充足や義務違反の存在を評価・判定・立証しなければならない。その判断は多分に裁量的なものとなるうえ、不許可や許可取消の相手は、地域の農業者ではなく、場合によっては遠隔地に本社をもつ農外の法人企業等である。不服審査請求や行政訴訟を提起される可能性も当然に覚悟しなければならない。さらに、貸借の解除や許可取消をした場合には、農業委員会は、その後始末のために必要な措置を講じる負担も引き受ける（法3条の2第3項）。

つまり、改正法の新しい法的仕組みは、①②の両面において、農地制度に「新しい法化現象」を生じさせているのである。特例貸借にかかる許可要件や規制・制約条件が「法規範」として現実にどう機能していくかは、農業委員会や市町村、広くは農村の現場に、それに対応していけるだけの力量とエネルギーがあるかどうかに託されることになる。

ところが、③農業委員会については、かねてその態勢の弱体化が指摘され、それは最近の市町村合併でいっそう著しくなった。農業委員会（および一定の範囲では市町村長）に「新しい法化現象」に対応する力量がなければ、その「法化現象」は顕在化しない――つまり農業委員会は、実際には、不許可や許可取消の決定を事実上なしえない――ということにもなるであろう。それ故、農業委員会の態勢の強化・立て直しを求める議論もある一方、他方では、その制度自体の見直しを求める主張もある。行政刷新会議の規制・制度改革に関する分科会「農業WG検討項目一覧表」（2010年4月）にも、「農業委員会の在り方の見直し」と「農業委員会の廃止」、それに代わる新たな農地利用監視機関の創設という項目がすでに記載されていた（同年6月の「分科会第1次報告書」にも同旨の記述がある）が、その方向での主張は、TPP参加に向かう議論の中でいっそう強まっている。しかし、地元農業者から公選で選出され、各委員が地域の農地利用の実情をよく把握しうる立場にある農業委員会に代えてどのような組織機関に託すれば、上記の難しい判定業務がよくなされうるのかは、簡単に答えの出る問題ではない。また、もし仮に新しい行政組織に置き換えた場合には必須となる膨大な行政コストをいかにして賄うつもりなのであろうか。

要するに、この第二点に関しても、改正法の法的仕組みの運用やその先行きをめぐって危惧すべき不透明さが残されているのである。

3　「所有権取得の自由化」論とそのゆくえ

第三の論点、すなわち、次の改正では「所有権取得の自由化」まで進むのかという論点は、地域農業と農地制度のゆくえを考えるうえで最重要な問題であると筆者は考えている。

（1）問題の経緯と最近の状況

冒頭に記したように、貸借の自由化を決定づけたのは、2007年5月のグローバル化改革専門調査会「第1次報告」であった。報告は、EPA交渉を進めるには農業の構造改革と「国境措置に依存しない強い農業」が必要で、そのためには「新しい理念に基づく新しい農地制度の確立」が不可欠だとし、「農地の所有と利用を分離し、ⓐ利用についての経営形態は原則自由、ⓑ利用を妨げない限り、所有権の移動は自由、とする。また、高齢、相続等により農地を手放すことを希望する人が所有権を移転しやすい仕組み（「農地を株式会社に現物出資して株式を取得する仕組み」。筆者挿入）もオプションとして用意する」ことを要求した。農水省は、このうちのⓐを受け容れて、改正法を立案・成立させたのである。

では、ⓑの部分はどうなったのか。政府法案は、農地法1条に「農地を効率的に利用する者による農地についての権利の取得」の促進を謳い、「農地を効率的に利用する」参入企業等にも「農地についての——所有権を含む——権利の取得」を認めるべき方向を、いわば原則として暗示させていた。そのうえで、農村現場の懸念払拭のため、当面は、所有権取得については従来どおりの規制を維持するという構えだったのである。しかし、国会審議ではこの点が問題とされ（筆者も参考人として、批判的意見を陳述した）、当該箇所は、前記のように、「耕作者自らによる農地の所有が果たしてきている重要な役割も踏まえつつ、……農地を効率的に利用する耕作者による地域との調和に配慮した農地についての権利の取得」と修正された。しかし、修正後も農水省サイドでは、ここにいう「耕作者」には参入企業等も含まれるという趣旨の解釈が繰り返されており、やがては所有権取得を認めるための伏線を引いておく意図も垣間見える。

加えて、法案成立の目途がついた２００９年5月中旬には早くも、「今回は貸借の自由化でとどまったが、次の改正では所有権の自由化に進むべし」とする主張が「日経新聞」社説や財界サイドの提言などに登場した(6)。そうした主張は、その後も繰り返されており(7)、前記２０１０年4月の「農業WG検討項目一覧表」にも、「農振法を強化して、ヨーロッパ型のゾーニング制度を導入するとともに、農地法の規制はすべて廃止」という項目が入っている。そして同年6月の「分科会第1次報告書」では、農業WGの「基本的考え方」として、「貸借についてのみ自由化するのでは不十分」で、「ゾーニング及び農地転用規制の厳格化」等の「制度整備をきちんと行った上で、適切に農業を行う限り、所有・貸借に関わらず、参入する農家、農業団体、企業等に差を設けるべきではない」と記述された。

また、最近のTPP参加論の中では、農業生産法人のいっそうの要件緩和が具体的なターゲットとして登場してきた。２００９年改正で50%未満にまで引き上げられた農外資本の出資比率をさらに緩和せよというのである。農外の個別企業が農業生産法人の持分・株式の過半を取得できれば、その企業は、農業生産法人の実質的な経営支配者となり、農業生産法人の名のもとで農地所有権を取得していくことが可能となる。そのときには、農業生産法人の農作業従事者たる他の構成員は、事実上、その企業の従業員化していくことにもなるであろう。つまり、この方向での農業生産法人の要件緩和は、参入企業による農地所有権取得の自由化のバイパスとなりうるのである。さらに、こうした流れに乗る形で、貸借だけでは参入企業は長期安定的な農地利用を確保できず土壌改良等の農地への投資ができないから、所有権取得を認めるべきだとする主張なども、あらためて登場してきている。(8)

振り返ってみると、経団連は、すでに1997年9月の「農業基本法の見直しに関する提言」で、株式会社形態による農業経営を可能にするため、第一段階として農業生産法人への株式会社の出資要件を大幅に緩和し、第二段階として借地での株式会社の農業参入を認め、最終的には一定の条件下で株式会社の農地取得を認めることを主張していた。その第一段階の相当の部分と第二段階をほぼクリアした現在、「残るは最終段階、所有権取得の自由化だ」ということになるのかもしれない。しかし、もし仮に所有権の取得の自由化まで進んだ場合には、地域農業と地域社会の将来にはどのような影響が及ぶであろうか。そこまで進む前にあらかじめ考慮しておく必要がある重要な論点を、次に検討しておこう。

(2)「所有権取得の自由化」論の論拠とその問題性

a 自由化論の歴史的位置と性格

最初に、所有権取得の自由化論者（以下、自由化論、自由化論者と略称）から「農業構造改革の最大の阻害要因」とされる現行制度の沿革と基本的内容を確認し、それとの関係で自由化論がいかなる位置を占めるのかをみてみよう。

①農地改革後・農地法下の農地所有権は、自作農の農地利用＝耕作＝経営の法的基礎であると同時に、自作農家の資産としての農地＝商品所有権たる性格を不可分に具有していた。その両面の性格の矛盾は、高度成長下の転用需要の拡大に起因した農地価格の高騰＝「農地所有（権）の土地商品化」の進展とともに顕在化し（兼業農家による農地の資産保有化現象）、農地の流動化・規模拡大を阻害した。②その矛盾に対処しようとしたのが1970年農地法改正と1975年の農用地利用権制度の創出（農地の転用可能な商品所有権たる性格に妥協して更新の観念を排除した定期賃借権）であり、その段階で従前の自作農主義からの離脱と「農地の所有から利用へ」の方向転換が画された。どんな大規模な経営を、借地に依拠しつつ、多数の雇用者を用いて行なうことも、法律的には自由となったのである。利用権での貸借には、小作地所有制限も適用されなかった。現在、20～30 haをも超えるような借地依存型の経営体（家族経営や農業生産法人）が各地でそれなりに形成されているのは、その故である。ただし、③1970年農地法改正では、農地の権利取得者の農作業への常時従事要件が新たに規定された。経営者が近在に居住して自ら経営農地の耕作労働に従事することを求めたこの原則が、「農地耕作者主義の原則」である。④今回の2009年改正＝貸借の自由化は、この原則を貸借については外したのである(9)。

これをさらに進めて、一般企業等による所有権取得を自由化した場合、いかなる事態が生じるであろうか。現在の農地価格の低さをみると、多数の企業等が農地取得に向かう可能性も予想されうる。もしそうなれば、日本の農地制度は、自作農主義から農地耕作者主義を経て、いわば「法人農地所有主義」へと転回していくことになる。そのことのもつ意味と問題性につき、幾つかの点を指摘しておこう。

第一に、農地所有者となった法人企業が行なう農業経営は、自由化論者の主張によれば、効率的で生産性が高く、国境保護措置を必要としない企業的経営である。この点との関連では、2007年の農地政策有識者会議の場で、吉川洋委員（経済財政諮問会議議員）が〈日本の農業はたたら製鉄だが、これを溶鉱炉にする必要がある〉と述べ、立花宏委員（日本経団連専務理事）が〈企業的経営にとっての農地は工場と同じであり、そのようなものとして基盤整備・設備投資の対象となる〉と論じたこと（いずれも要旨）が、強く筆者の記憶に残っている。つまり、この文脈では、農地は、製造業の工場や基幹設備と同じような、企業が所有する生産資源・経営資源としてとらえられるのである。

したがって、第二に、その生産資源・経営資源としての農地もしくはその財産的価値は、市場で自由に取り引きされるもの、すなわち商品でなければならない。戦後、何段階かを経て進んできた「農地所有（権）の土地商品化」は、ここでまた新たな段階に入ることになる。しかもそれは、従来とは質的にも異なった段階でありうる。農地市場に関する情報を全国レベルで公開・共有し、その市場への民間不動産業者の自由な参入を認めよという主張も、それを示すものであるが、より象徴的なのは、前記グローバル化改革専門調査会「第1次報告」のⓑの部分——株式会社への農地の現物出資による株式化の提案――や、それに類似する「農地の証券化」論（本間・前掲①論文177ページ、同・前掲②論文90ページなど）であろう。それが実現すれば、農地所有権（すなわち、法人企業の所有する経営資源）は、証券に化体され、自由な流通と資本投資の対象となる。

第三に、しかし農地は、工場や溶鉱炉と違い、その位置が固定される一方、通常的な意味では摩耗せず、少なくとも中長期的には他用途での利用・転用の可能性をもつ。法人企業たる農地所有者の数が数千、数万に達したとき、その一定部分が転用期待をもって農地を保有し、荒らしたり産廃置場に利用するなど不適切な行為に出る恐れは、当然に予想できる。そうした場合には、その行為を事後的に規制し、地域の農業と調和した適正な農地利用を求めることが当然に要請されるが、法人企業たる農地所有者を相手とするその管理業務は、特例貸借の場合の比ではないほど、きわめて難しいものとなるだろう。

他方、第四に、土壌改良・圃場整備などの農地への投資を自由に行なうには所有権が必要だ――つまり自作型経営でなければならない――という主張（本間・前掲②論文86ページなど）は、まったく根拠がない。実際、本当に効率的な農業経営をやるのであれば、土地負担（土地所有への資本の固定化）を回避できる借地経営のほうがより合理的で近代的であるという考え方が早くから説かれている。現に例えばフランスでは、EU随一の農業が借地経営に依拠して発展してきた（2005年の借地率は76％。1955年には45％であった）。ただ、フランスではそのために、改良投資の保障を含む農地賃貸借特別法の精緻な整備が進められたのに対して、日本ではそのような努力がなされないままでできたのである。とはいえ、日本でも学界では、農地賃貸借制度の今日的なあり方をめぐる長い研究の蓄積がある。上の主張は、これらのことをいっさい無視して、自作型経営でなければ「適切な投資が行われず、農地の効率的利用が妨げられる」と説くもので、研究者の議論としてはいかにも奇妙な感がある。なお、今後は日本でも農地賃貸借制度のいっそうの整備が必要となると筆者は考えているが、それは、また別の問題である。

b　ゾーニング論の誤謬

自由化論者は、参入農地所有者による適正な農地利用を事後的に枠づけるために、西欧諸国のような総合的な土地利用計画制度あるいはゾーニング制度を日本でも確立すればよいと言う。この論は、早くは1990年代後半から、所有権取得の自由化を説く主張の「前提」とされてきた。[10] しかし、この議論にも、多くの問題がある。

ⓐまず、ヨーロッパの都市計画と土地利用規制制度がいかにして形成され、どのような内容をもっているのか、日本ではそれがなぜ形成されなかったのか、日本でそれを確立するにはどうすればよいのかを自由化論者が探究した論稿は、いまだ目にしたことがない。まさにその問題の研究に多くの労力を注ぎ、日本でのそのような制度の実現・確立がいかに困難な課題であるかを痛感してきた筆者からみれば、[11] 自由化論者の議論の立て方は、いかにも奇異にみえる。このことは、自由化論者の主張がいわば「仮定の前提」を置いたうえでの議論でしかないことを示すものである。

ⓑもっとも、「『農振法』のゾーニング規制を抜本的に変更・強化して、その代わりに『農地法』を廃止するという大胆な規制緩和」論を提示する者もある（山下・前掲②論文32ページ、山下・前掲③論文99ページ以下）。論者のいうゾーニングとは、「都市地域と農業地域を明確に分ける」ことで、それがフランスでできて、なぜ日本でできないのか不思議であると言う。しかし、この議論は、①農振法の農用地区域指定は、農地法の転用規制を面的な形で運用する仕組みであり、農地法あっての制度であること、②農地法の転用規制＝4条・5条は、3条の所有権移転規制と結びついてはじめて存在してきたことを、完全に見落としている。

他方、③フランスでは、論者も言う如く、農地法の転用規制のような制度は存在しないが、日本とは逆に、農地の保全・開発規制は、都市計画法典に基づく都市計画・土地利用規制の精緻な法システムによって確保されてきた。その法システムは、日本の農振法とは、内容も性質も、制度の論理構造もまったく異なったものであり、その背後には、都市計画法典中で確定された、全国土を覆う「建築（開発）不自由の原則」がある。日本には、この原則も存在しない。こうした事柄をいっさい無視したうえでの「農振法の抜本的強化・農地法廃止」論は、あまりにも単純素朴な議論というほかない。

のみならず、④近時のフランスでは、農地の急速な減少が大きな問題となっている。2010年8月のフランス農業・食料・水産・農村・国土整備省（現在の正式名称）の資料によれば、1日当たり200ha、10年でフランスの一つの県に相当する農地が消滅するスピードという。各地の市町村の多くが近年強い開発指向をもつようになり、市町村の権限に属する都市計画の変更を通じて開発可能区域の安易な拡張を行なっていることが、その大きな原因の一つである。それ故、2010年7月の「農業近代化法」では、農地の開発・転用を農業サイドから規制し管理するための一連の新たな措置が創出されたが、その効果のほどはまだわかっていない。日本の場合には、従来から市町村長には開発指向が強いことがよく知られている。そして、農振法の区域指定はその市町村長の権限に属する。仮に農地法が廃止され、農振法のみが残ったときに、いかなる事態が生じるであろうか。

なお、並んで、⑤「その地域の総合的土地利用の観点から……転用期待を排除するために、いったん農用地区域指定を受ければ、その変更は……例えば30年程度は完全に禁止するといった措置が必要」(本間・前掲①論文181ページ)——全国一律実施が無理なら、150万ha程度をそのような規制下の経済特区とし、農地法の適用は停止＝農地の権利移動は自由とする——という主張[12]もあるが、これも、以上と大同小異の議論である。ただ、〈特区とし、30年間は完全に転用禁止〉という点は異なるが、その制度化のためには憲法上の財産権補償の問題をクリアする必要が生じるであろう。

ⓒ関連してもう一つ、農地法・農振法の転用規制の農業委員会による運用のルーズさが農家の転用期待を増幅させ、農地流動化を阻害し、耕作放棄地を増大させているという論点がある。それは一定の範囲で事実であるが、耕作放棄は、転用可能性のない地域でも生じている。背景には農地利用の収益性の低さがあるのである。また、次三男住宅等の限られたニーズを別とすれば、農家や農業委員会が自ら転用機会を生じさせうるわけではない。転用需要は、基本的に農外からやってくるのである。その背後には、基盤整備済みの農用地区域の中でも当該の開発・建築行為を許可・許容する日本

の都市計画・建築法制の不備と、それを巧みに利用して開発利益を追求する転用需要者＝開発主体の存在がある。農地法・農振法の転用規制の中身自体（運用基準や判断基準を含む）も、開発サイドの要求に押されて、一貫して規制緩和の歴史をたどってきた。いわば、都市計画・建築行政のほうではOKだというのに、なぜ農地法の転用許可が出ないのかという圧力下で、農業委員会は難しい判断を強いられるのである。

ヨーロッパの場合には、そもそもそうした開発行為・転用需要の発生自体を都市計画法等の諸制度により事前に規制・抑制することが基本原則である。しかし、近時のフランスでは、それだけでは不十分となる事態が生じていることも、上で述べたとおりである。

要するに、この問題も、農地法・農振法と農業委員会のあり方だけの話ではないのである。しかも、所有権取得を自由化した後には、転用許可を要求する農地所有者は、市町村外に所在する法人企業や都市居住者ともなっていくのであるから、この問題はいっそうシビアな形で現出するであろう。

(3) グローバル化のなかでの農地所有権

最後に、自由化論者があえて触れない重大なレティサンス（故意の言い落とし）がある。それは、法人企業等の所有権取得の自由を認めることは、即、日本の農地市場をグローバルな農地市場につなげるという大きな問題である。すなわち、農業目的での所有権取得者に農地耕作者主義の原則を適用している限り、農地所有者の範囲は自ずから一定の範囲に限定される。しかし、ひとたびその原則を外すと、取得農地を農業的に利用する限り、誰でも、どこでも、農地所有者となることができる。そして、鹿児島の農地を取得した東京のA食品会社がB会社に吸収合併されれば、所有者はB会社となる。その際、B会社は、外国企業であってもかまわない。外資を除外する規制はないからである。企業間のM&A＝買収・合併が日常化している今日では、このような事態の進展は、当然予想の範囲内のことである。同じく、例えば後継者のいない北海道の大規模農場を内外の資産家や法人企業がそのまま居抜きで買い取ることも可能である。

近年、国内各所のリゾート地、離島等の土地・不動産や森林資源（水資源）を外国資本が買収している事例が報じられ、その是非が新たな議論の対象となっている[13]。農地法の所有権取得規制の撤廃は、日本の農地の全体を一挙に同じ法的状態に投げ出すことを意味するのである。自由化論者が説くように、農地法の規制を廃止すれば水田農業も立派な輸出産業となるのだとすれば、水田もまた、直接または間接の資本投資の対象となるのであろう。しかし、それら内外の法人企業等が地域の農業や地域社会との調和をどう図りつつ農業経営を営むかは、けっして定かではない。

比喩的に言えば、いま開発途上国などで外国資本の農地取得・農業開発が問題化しているのと類似する事態が、日本の農地をめぐって生じうるのである。加えてさらに、全国土を覆う「建築不自由の原則」がなく、農林地や農村空間に対する土地利用規制がきわめて脆弱な日本の法状況のもとで、それら内外の法人企業等が日本特有の強大な土地所有権の主体として立ち現われる可能性も、視野に入れておかなければならない。短期的な利益の最大化を求めて行動する資本の論理は、各地域の固有の歴史の上にその永続を希求する地域社会および地域農業の論理とはまったく異なることも、肝に銘じておく必要がある。

4　地域資源たる農地の管理は誰が担うのか

このように「平成の農地改革」のゆくえには、多くの難しい問題が控えている。もちろん、それらの問題が、近い将来ただちに現実化するかどうかはまだわからない。しかし、第3節の（1）（2）でみたような議論状況がある限り、それをも視野に入れた検討をしておくことが法制度を論じる者の務めであろう。制度のつくり方を間違えば、改正農地法の1条が掲げた農地の位置づけ――国内食料供給のための限られた生産資源であり、かつ、貴重な地域資源である――を無に帰させるような事態も生じかねないからである。大きく三つのことを指摘して、本稿のむすびにかえることにしたい。

第一に、本稿の考察があらためて確認させるように、これまでの農地制度なかんずく農地法の農地耕作者主義は、よくも悪くも、地域農業と地域社会の基盤である農地を農外の資本市場から隔て、農地の所有と利用を広い意味での地域内に維持する隔壁であった。だからこそ、農外の資本市場を代表する財界、FTA・EPAやTPPの推進論者、市場原理主義的な規制緩和論者からは、その障壁の除去＝農地法の廃止の要求が執拗に繰り返されてきたのである。

今般の制度改正は、そのうち農地利用を農外へ開放したが、いわばそのカウンターバランスとして「地域的農地管理の新しい仕組み」を用意し、農地行政の実務面でも〈地域の農業と農業者vs地域外からの参入農業者〉という利益調節の構図をなお維持した。しかし、この仕組みに対しても、農業委員会の審議が公開されていることなど無視して「運用の透明性・公平性」や「迅速化」が声高に要求され、農業委員会のもついわば〝地域農業の代表者的な性格〟が批判され、その制度自体の除去・廃止が次の獲得目標とされてきている。[14] その延長上にある最終目標が、所有権取得の自由化である。そうなれば、障壁はなくなり、農地所有も農外に開放される。地域農業と地域社会は、グローバル化する市場経済・資本市場と直接的に向き合い、自由に参入する農外資本との間でその存続と再生をかけた熾烈な競争を強いられることになるであろう。

第二に、しかしそれが、日本の農業と地域社会の将来にとって本当に望ましい道なのだろうか。現在の農業構造の一定の改革が喫緊の課題であるのは確かだとしても、別の道は探れないのであろうか。農地制度の改変は、経営所得安定対策や戸別所得補償政策などと異なり、とくに所有権レベルの既成事実が生じたのちには、もはや後戻りできなくなること、しかも、いま要求されている改変の方向は、農地の——場合によっては投資証券化をも伴う——極限までの商品化であることを考えれば、そこに生じるリスクは、日本の農業と農村さらには日本社会全体にとっても、あまりにも大きすぎる。農業において選択すべき道は、たたら製鉄を捨てて少数の溶鉱炉を限られた適地につくることではない。むしろ先述したように、「大部分は地域に根差した既存の経営体の発展方向を支え、その存在をより分厚くより強固なものにしていくこと」をこそ基本路線とすべきであると考えるのは、筆者だけではないだろう。とくに水田農業では、用水・畦畔・農道の維持管理など、集落や地域の社会的関係性に依存する作業が不可欠なことを考えれば、なおさらである。その道に多々の困難な問題があるのは確かであるが、その方向での地域農業と地域の再生のためになしうることは何かを、農地政策や農地制度の領域でも問い続けていく必要がある。

第三に、その際、あらためて重視すべきことは、地域資源としての農地の位置づけである。今後の人口減少・少子高齢社会では、全社会的にも空間需要の縮退に対応した国土と地域空間の総合的な管理システムの確立が強く要請されるが、そのことは、限界集落に象徴される新しい過疎化と農業および農地の空洞化に苦しむ農村部にもそのままあてはまる。農地制度も、今後においてはその管理システムの一翼を担っていく必要があるのである。

この局面では、農業の多面的機能と国土・環境・景観等の重要な物理的基盤である農地を「貴重な地域資源」、さらには「国土の環境資源の一部」としてとらえる視点が不可欠となる。同時に、農地が単なる自然的資源（自然の一部）ではなく、地域の人びとがその歴史の中で膨大な時間と労力と資金をかけて、水管理システムと一体をなす形でつくり出してきた社会的な地域資源（社会インフラの一部）であることも、あらためて確認しなければならない。そのような農地を地域の農村空間ともあわせて、条件不利な中山間地域でも存続可能な形で維持し利活用していくためには、誰にその所有権と維持管理の権能を託すのが望ましいのか、誰がそのコストをどのように分担していくべきなのか。

農地制度にこうした視点が付加されれば、地域社会にその地域に根差した農業経営を維持するための政策的・法的手段についても、新たな要素を導入できるのではないか。環境・景観資源としての農村空間論、里山論、生物多様性論、コモンズ論などとの接点も、より大きくなっていくであろう。農業を中心とする農村地域の再生も、そのような広い視野のなかで考えていく必要がある。

その場合、もう一つ注意すべきことは、このような視点からとらえた農地＝地域資源は、もはや単なる私有財産＝土地商品ではなく、公共・公益的な機能を同時に担う「公益財」、「環境財」たる性質を併せもつということである。そのような財としての農地の保有と維持管理・利活用の仕組みが問われるのである。例えば、今般の改正による相続農地の届け出制度や遊休農地対策の実施手法、あるいは農地台帳の整備・法定台帳化を求める議論なども、この観点から位置づけ直すことが可能である。また、注（13）所掲の東京財団提言は、森林について、「その土地がある場所にふさわしい所有者が存在し、公益に資する管理が適切に行われるよう誘導していくためのルールと体制を総合的に構築していくことが求められる」と記している（24ページ）が、この記述は、農地についても妥当しよう。加えて、位置を変えることなく当該地域社会の生産と生活の基盤であり続ける農地＝地域資源の公益に資する維持管理には、地域に密着した主体の共同の意思形成が必須となることも間違いない。このような視点から検討されるべき農地制度の立て直しの方向が、規制緩和論者の主張する「平成の農地改革」の方向とは逆のものであることは、言うまでもないところである。

注

（１）「２０１０年農林業センサス結果の概要（概数値）」（２０１０年11月26日公表）（全国）によれば、「農業経営体」（家族経営体、法人経営体、非法人の組織経営体の合計で、１６７万６０００経営体。自給的農家は除く）の経営耕地面積＝３６４万haのうち借入耕地面積は１０７万ha（約30％）で、５年前に比べて24万haの大幅増となった（増加率、約30％）。その大部分は、上層の経営体の規模拡大に寄与しているものとみられる。

（２）それを踏まえて、経営基盤強化法の関連規定にも、内容的にほぼ対応した一連の改正が加えられているが、本稿では、詳細は省略する。

（３）国会修正の内容は、原田純孝①「新しい農地制度と『農地貸借の自由化』の意味」『ジュリスト』１３８８号、２００９年11月、「仕組み」の詳細は、同②「改正農地制度をめぐる法的論点」『農業法研究』45、農文協、２０１０年６月。以下、原田・前掲①論文、②論文と呼ぶ。

（４）この農業常時従事要件は、農作業常時従事要件とは別のものである。具体的には、「執行役、支店長等の役職名であって、実質的に業務執行についての権限を有し、地域との調整役として責任を持って対応できる者」が一人いればよい。

（５）ちなみに、筆者が比較研究の対象とするフランスの場合には、そのような既存の主業的家族経営を基盤とした経営体を「存続可能な（viable）」形で育成し、その規模拡大と法人化（農外から参入する一般企業・株式会社等とはまったく異質の、農業に固有の農業生産法人である）を進めることを通じて、ＥＵでも屈指の競争力をもつ農業構造をつくり出してきた。それらの法人経営が利用する農地面積は、すでに全農地の過半を占め（２００７年では53％）、個別経営を含めた農業経営主の年齢階層分布も、日本とはまったく異なって、壮年層を分厚く残すものとなっている（55歳以上の経営主は18％にすぎない）。そのような農業の発展を支えた制度と政策の概要については、原田純孝③「構造・経営政策と農地制度の展開の軌跡――日仏比較の視点から」『土地と農業』40号、全国農地保有合理化協会、２０１０年３月、参照。

（６）２００９年５月11日付「日経新聞」「社説　農業を拓く」、21世紀政策研究所『農業ビッグバンの実現』同年５月16日「総論」＝山下一仁①論文、山下一仁②同年５月19日付「日経新聞」「経済教室　農業ビックバン　今こそ」等。

（７）著名な論者のものでは、例えば、山下一仁③『農業ビックバンの経済学』日本経済新聞出版社、２０１０年３月、本間正義①『現代日本農業の政策過程』慶応義塾大学出版会、２０１０年５月。本間氏の関係の発言は他にも数多い。

（８）例えば、本間正義②「農地制度の今日的課題――経済学の見地から」『日本不動産学会誌』24巻３号、２０１０年12月、86ページ。

（９）以上の詳細は、原田純孝④「農地所有権論の現在と農地制度のゆくえ」戒能通厚・原田純孝・広渡清吾編『渡辺洋三先生追悼論集　日本社会と法律学』日本評論社、２００９年。

（10）早くは荏開津典生・生源寺眞一『こころ豊かなれ日本農業新論』家の光協会、１９９５年、近年では日本経済調査会・高木委員会『農政改革を実現する』２００６年など。

（11）例えば、原田純孝他編『現代の都市法―ドイツ・フランス・イギリス・アメリカ』東京大学出版会、１９９３年、原田純孝編『日本の都市法Ⅰ　構造と展開』、『同Ⅱ　諸相と動態』東京大学出版会、２００１年、原田純孝・大村謙二郎編『現代都市法の新展開―ドイツ・フランス』（『東京大学社会科学研究所研究シリーズ』№16)、2004年、原田純孝編「特集　日本における『都市法』論の生成と展望」『社会科学研究』61巻3・4合併号、東京大学社会科学研究所、2010年3月など。

(12) 本間正義③「21世紀型『食料基地』構想の具体化を」『AFCフォーラム』2009年7月。

(13) 例えば、吉原祥子・平野秀樹「狙う外資・土地制度の盲点　日本の水資源を守れ」『エコノミスト』2010年1月26日号、東京財団政策提言『グローバル化時代にふさわしい土地制度の改革を～日本の水資源の危機Ⅲ～』2011年1月参照。

(14) 例えば、2011年2月18日付「朝日新聞」「社説　農業改革」、同年3月10日付「日経新聞」「農地集約へ農業委改革」などの論調参照。

第3章　農地の所有・利用構造の変化と地域性
——統計にみる1990年以降の農地利用の動き

1　はじめに

わが国の農業は、農業基本法の制定（1961年）以降、構造改革が長期的課題とされてきたが、1980年代までは、主に集約型農業部門において大規模経営体の成立はみられたものの、農業機械の進歩による兼業化の進展等によって、土地利用型農業部門、とりわけ水田農業における上層農家への農地集積の進行は緩やかであった。

しかし、高度経済成長以降のわが国農業・農村を長く支え続けてきた「昭和一桁世代」の高齢化と農業後継者不在による経営継承の困難化によって、土地利用型農業、特に水田農業の構造は1990

年代に入ると徐々にではあるが変化し始める。すなわち、量的に突出した厚みを持つこれら世代が、経営規模を縮小したり農業からリタイアするようになり、農地の流動化が加速する一方で、農地や作業の引き受け手が少ない地域では耕作放棄地が急増し始めるのである。

このような状況のなか、１９９９年11月に「食料・農業・農村基本法」が制定され、翌年3月に政策を具体化するための「食料・農業・農村基本計画」が決定される。これによって、米政策の抜本的な見直し（「米政策改革」）や中山間地域等直接支払制度等の新たな施策が展開される。そして、２００７年度からは「水田・畑作経営所得安定対策（品目横断的経営安定対策）」が導入され、政権交代後の２０１０年度からは「戸別所得補償制度」への政策転換が行なわれる等、21世紀に入ってからの農政対応はまさに目まぐるしく変化を続けている。

本稿の課題は、このように、わが国の農業情勢が新たな局面へと展開し始めた１９９０年以降に焦点をあて、農地の所有・利用構造およびその変化の態様を統計分析から明らかにすることである。このため本稿では、主に１９９０年から２００５年までの農業センサスデータを用い、農地の受け手（農地の利用者）側からのみならず、農地の出し手（農地の所有者）側からの分析を地域性を踏まえ行なうとともに、水田農業の「中心的な担い手」層に着目し、近年の水田利用の変化とその地域的特徴を明らかにする。

なお、２００５年以降、「水田・畑作経営所得安定対策」を契機に全国各地で集落営農組織が数多く設立されており、この動きが各地域の農業構造を大きく変化させている可能性が高い。しかし、現時点で活用できる2010年農業センサス結果は、上記課題に対応した分析を行なうのに必要なデータが揃っていない[1]。そこで、毎年実施されている集落営農実態調査のデータも活用しながら、2005年から2010年にかけての構造変化の特徴とその地域性についても可能な限り接近してみたい。

2 農地の所有・利用主体数の動向

(1) 農家・農家以外の農業事業体・土地持ち非農家数等の動き

農地の所有主体である農家、農家以外の農業事業体、土地持ち非農家それぞれの動きを、1990年以降の農業センサスによってみると（表3―1）、特に2000年以降に、それまでとは異なる新たな動きが散見される。

それは第一に、販売農家数の減少率が00―05年間に▲16・0％に高まり、05―10年間ではさらに▲16・9％に上昇していることである。同農家数は2005年に200万戸の大台を割り込み、減少し続けている。一方、1990年以降減少していた自給的農家は、00―05年間で12・9％（10・1万戸）の増加となり、総農家数に占める割合が3割を超えた（1990年では22・5％）。その後、05―10年間での増加率は1.4％に低下しているが、販売農家の減少が進んでいるため、自給的農家の割合

表3-1　農家数、農家以外の農業事業体数、土地持ち非農家数等の動向（全国）

		農　家（1,000戸）			農家以外の農業事業体（100事業体）			土地持ち非農家（1,000戸）	農業サービス事業体（100事業体）	
		総農家数	販売農家	自給的農家	総事業体数	販売目的	牧草地経営体		総事業体数	水稲作サービス事業体
実数	1990年	3,835	2,971	864	116	75	15	775	218	117
	1995年	3,444	2,651	792	100	64	12	906	198	124
	2000年	3,120	2,337	783	106	75	11	1,097	191	128
	2005年	2,848	1,963	885	161	137	7	1,201	138	97
	2010年	2,528	1,631	897	…	…	…	1,374	…	…
増減率	90−95年	▲10.2	▲10.7	▲8.3	▲13.9	▲13.8	▲16.8	16.9	▲9.1	5.7
	95−00年	▲9.4	▲11.9	▲1.1	5.5	17.1	▲7.2	21.1	▲4.0	3.7
	00−05年	▲8.7	▲16.0	12.9	52.6	82.2	▲37.0	9.5	▲27.5	▲24.1
	05−10年	▲11.2	▲16.9	1.4	…	…	…	14.4	…	…

資料：「農業センサス」（1990年、1995年、2000年、2005年、2010年）。
注：農業サービス事業体数には航空防除のみを行なう事業体を含まない。

は一段と高まり35・5％に達している。

第二に、00—05年間に農家以外の農業事業体、そのなかでも販売目的の事業体が82・2％増加したことである。同事業体は2000年から増加傾向に転じていたが、米政策改革下における集落営農組織の新設や既存組織の再編等にともなって、この5年間の増加率はきわめて高い。これとは対照的に、牧草地経営体は▲37・0％と急減しており、2005年の同事業体数は1990年時の半分以下となっている。

第三に、牧草地経営体と同様に、00—05年間で事業体数が大きく減少しているものとして、農地を所有する主体ではないが農業サービス事業体がある。同事業体の総数は微減していたが、水稲作サービス事業体に限れば2000年まで増加傾向にあった。それが00—05年間では一転急激な減少に転じ、その減少率は▲24・1％にものぼる。

第四に、土地持ち非農家の増加率が00—05年間に9.5％と一桁台にとどまり、増加速度がいったん鈍化したが、05—10年間には再び14・4％に高まっていることである。

以上、指摘した動きは、いずれも農地の所有・利用構造に大きな変化を及ぼしていると考えられる。第3節以降でその詳細な分析を行なうが、その前に農家数、農家以外の農業事業体数、土地持ち非農家数等の動きに、地域差があるかどうかを確認しておくこととする。

(2) 地域ブロック別の動向

前掲表３−１から、販売農家の減少傾向の強まり、販売目的の農家以外の農業事業体の急増、自給的農家および土地持ち非農家の増加傾向等が確認された。これら動きは、総じて各地域ブロックに共通するものであるが、その動きには幅があり、近年における農業構造の変化の速度に地域差をうかがうことができる。

表３−２は、１９９０年から２００５年までの15年間における農家等の農地の所有・利用主体数の動きを増減率で比較したものであるが（農家数および土地持ち非農家数については、05—10年間の増減率がわかるのでこれも掲載した）、販売農家の減少率は、沖縄と北海道でそれぞれ▲41・６%、▲40・０%と４割を超え、南九州（▲37・７%）、山陽（▲37・０%）が両地域ブロックに次ぐ。ただし、05—10年間では様相が異なり、北陸で▲22・８%、北九州で▲21・０%と急激に販売農家が減少している。

これに対し自給的農家は、前述した４地域ブロックと近畿では減少しており、特に沖縄で▲25・１%、北海道で▲18・５%と減少率が高いが、他の９地域ブロックはいずれも農家数が増加しており、北関東では24・８%もの増加となっている。なお、05—10年間では、東北や北関東で７〜９%増加しているのに対し、南九州や沖縄では６%程度の減少となっており、対照的な動きとなっている。

次に、販売目的の農家以外の農業事業体をみると、全地域ブロックで事業体数が大幅に増加してお

表3-2　農家数、事業体数、土地持ち非農家数等の地域ブロック別増減率

（単位：%）

	1990～2005年（15年間）の増減率						2005～2010年（5年間）の増減率			
	総農家	販売農家	自給的農家	販売目的の農家以外の農業事業体	土地持ち非農家	農業サービス事業体	総農家	販売農家	自給的農家	土地持ち非農家
全国	▲25.7	▲33.9	2.4	83.9	55.0	▲36.7	▲11.2	▲16.9	1.4	14.4
北海道	▲38.1	▲40.0	▲18.5	21.5	32.9	▲3.5	▲13.4	▲15.3	0.5	16.4
都府県	▲25.4	▲33.7	2.6	93.0	55.4	▲38.0	▲11.2	▲17.0	1.4	14.3
東北	▲23.7	▲28.8	6.8	77.8	119.4	▲39.1	▲12.3	▲17.7	9.3	26.6
北陸	▲28.5	▲34.9	4.4	102.0	74.9	▲29.7	▲17.2	▲22.8	0.8	22.7
北関東	▲23.9	▲33.9	24.8	83.9	95.5	▲57.5	▲9.6	▲16.0	6.9	15.9
南関東	▲27.0	▲36.1	5.8	85.0	60.9	▲45.5	▲8.2	▲13.9	4.1	9.8
東山	▲22.4	▲35.0	6.7	245.7	60.9	▲61.5	▲7.5	▲15.6	3.9	9.5
東海	▲24.4	▲36.3	4.5	79.8	48.1	▲65.7	▲9.5	▲16.7	1.0	9.6
近畿	▲24.8	▲32.8	▲6.6	182.3	55.8	▲29.8	▲9.4	▲13.5	▲2.6	11.9
山陰	▲23.5	▲33.2	12.1	80.3	39.7	▲46.4	▲9.9	▲15.8	2.9	14.8
山陽	▲27.5	▲37.0	▲4.8	39.9	43.2	▲48.3	▲11.1	▲16.7	▲2.3	9.7
四国	▲24.1	▲32.9	0.8	86.1	30.8	▲43.0	▲10.8	▲15.0	▲2.9	6.9
北九州	▲25.7	▲32.8	2.8	74.0	30.5	31.8	▲15.0	▲21.0	0.7	16.8
南九州	▲29.5	▲37.7	▲8.0	74.2	18.8	▲16.0	▲11.2	▲14.2	▲5.8	5.5
沖縄	▲37.6	▲41.6	▲25.1	182.6	36.7	▲88.2	▲10.3	▲11.8	▲6.4	5.0

資料：「農業センサス」（1990年、2005年、2010年）。
注：農業サービス事業体数には航空防除のみを行なう事業体を含まない。

り、最も増加率が低い北海道でも21・５％の増加となっている。15年間で事業体数が２倍以上に増えた地域ブロックが北陸、東山、近畿および沖縄の４地域存在し、最も増加率が高い東山のそれは２４５・７％にもなる。

さらに、土地持ち非農家についてみると、前者と同様に全地域ブロックで世帯数が増加しており、東北（１１９・４％増）、北関東（95・５％増）、北陸（74・９％増）といった東日本の地域ブロックでの増加率が高く、四国や九州等の西日本での増加率は30％前後にとどまっている。また、05―10年間をみても、東北や北陸が20％台の増加率であるのに対し、四国、南九州、沖縄などの増加率は５～６％台と低い。

なお、農業サービス事業体は、北九州以外の地域ブロックではいずれも大幅に減少しており、北関東、東山、東海および沖縄では５割以上の減少、山陰、山陽および四国も４割以上の減少となっている。前述したように、販売目的の農家以外の農業事業体が大幅に増加していることから、当初農業サービス事業体として設立された組織の中に、その後農家以外の農業事業体に経営形態を変更[2]したものもかなりあるのではないかと推察される。

3　農地所有主体別にみた農地利用の変化

(1) 農地の所有と利用の乖離

農地所有主体別に、1990年から2005年にかけての所有面積と利用面積の変化を概観すると(図3－1)、農地の所有と利用の乖離が一層進んでいることを確認できる。まず農家について、15年間の面積の増減をみると、耕作放棄地を含む「所有農地等」の面積は▲20・7%であるが、土地持ち非農家からの借入耕地面積の増加によって、経営耕地面積の減少率は3.4ポイント低い▲17・3%(販売農家に限れば▲17・9%)となる。農家相互間での農地貸借(特に自給的農家から販売農家への貸付)も拡大していることから、借入耕地率(経営耕地面積に占める借入耕地面積の割合)は1990年の9.4%から2005年には19・3%へと約10ポイント上昇している。しかし一方で、耕作放棄地面積も自給的農家を中心に農家全体で5割近く増加しており[3]、2005年の耕作放棄地率(所有農地等の面積に占める耕作放棄地面積の割合)は1990年から約3ポイント上昇し6.5%となっている。

次に、土地持ち非農家についてみると、「所有農地等」の面積は、この間世帯数が増え続けていることから2倍に増加している。新たに離農して土地持ち非農家となったこれら世帯の農地は、その多くが他の農家や農家以外の農業事業体に貸し付けられているが、受け手の少ない地域ブロックでは耕

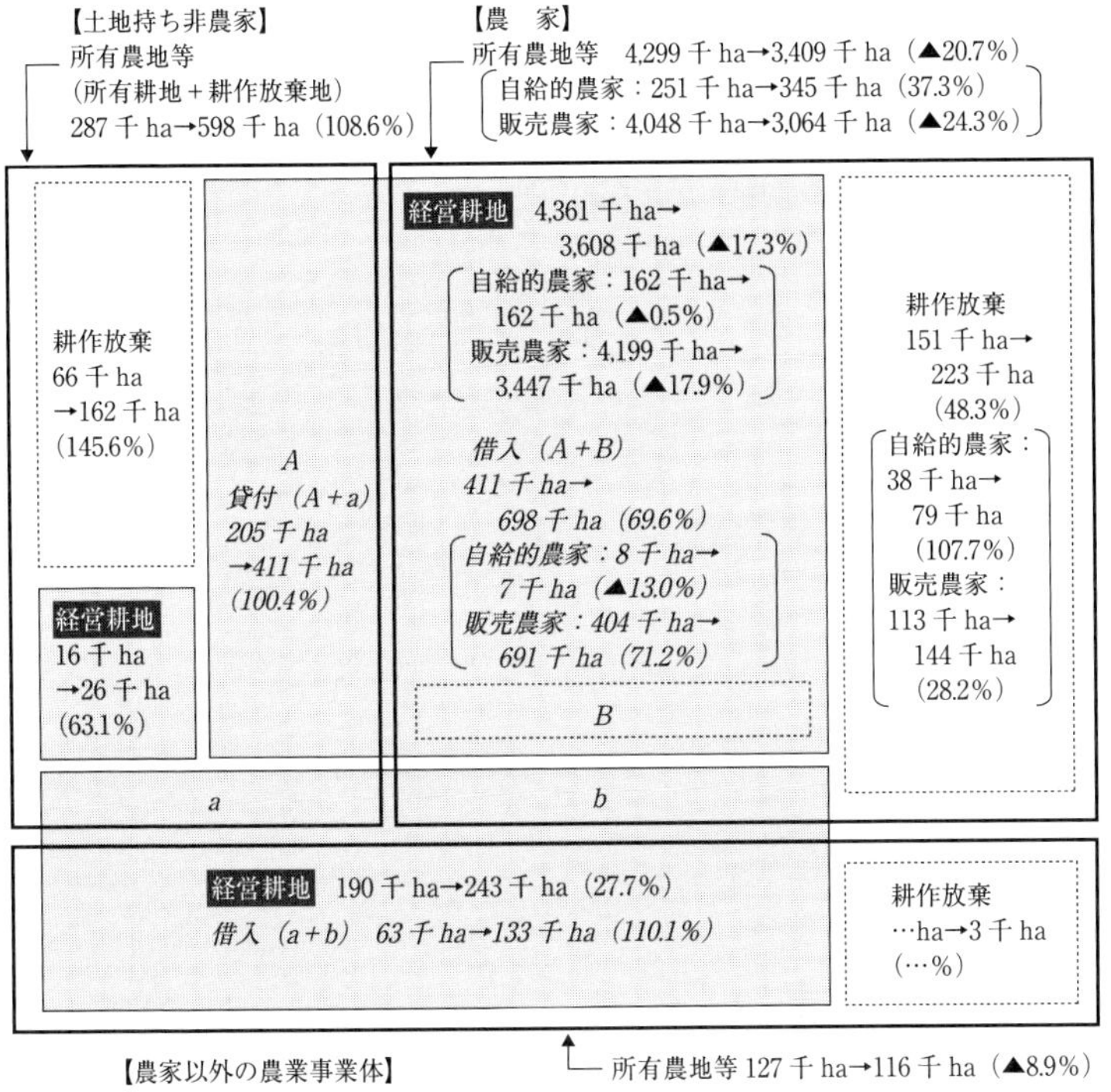

Total（総量）

※所有農地等面積①＝②＋⑤：4,713 千 ha→4,123 千 ha（▲12.5%）
※所有耕地面積　②：4,496 千 ha→3,734 千 ha（▲16.9%）
※経営耕地面積　③：4,567 千 ha→3,877 千 ha（▲15.1%）　※自作地割合（③＋④）/①：86.8%→73.9%
※借入耕地面積　④：475 千 ha→831 千 ha（75.1%）　※借入耕地率④/③：10.4%→21.4%
※耕作放棄地面積⑤：217 千 ha→389 千 ha（79.5%）　※耕作放棄地率⑤/①：4.6%→9.4%

図 3-1　農地所有主体別にみた農地利用の変化（全国：1990 年→ 2005 年）

資料：「農業センサス」（1990 年、2005 年）。
注：1. 図中における数値は、左側が 1990 年、右側が 2005 年であり、（　）内は 15 年間の増減率を示す。
2. 太線内が各主体別の農地等の所有状況（所有耕地および耕作放棄地）を、網掛け部分が利用状況（経営耕地）を示す。なお、「農業センサス」では貸付耕地と借入耕地の面積総量が一致していないため、所有耕地と経営耕地の面積総量は一致しない。
3. 農家以外の農業事業体は、販売目的の事業体と牧草地経営体の合計面積であり、その他事業体を含まない。
4. 1990 年から 2005 年にかけての世帯数・事業体数は、総農家が 3,835 千戸→ 2,848 千戸（増減率▲ 25.7%）、販売農家が 2,971 千戸→ 1,963 千戸（同▲ 33.9%）、自給的農家が 864 千戸→ 885 千戸（同 2.4%）、土地持ち非農家が 775 千世帯→ 1,201 千世帯（同 55.0%）、農家以外の農業事業体（販売目的＋牧草地経営体）が 8,938 事業体→ 14,454 事業体（同 61.7%）である。

作放棄される農地も少なくなく、土地持ち非農家の耕作放棄地面積の増加率（１４５・６％増）は貸付耕地面積のそれ（１００・４％増）を大きく上回っている。

さらに、農家以外の農業事業体についてみると、「所有農地等」の面積は▲8.9％であるが、農家および土地持ち非農家からの借入耕地面積が倍増していることから、経営耕地面積は逆に27・７％の増加となっている。その結果、農家以外の農業事業体の経営耕地面積シェアは、１９９０年の4.2％から２００５年には6.3％へと約２ポイント上昇している。

なお、農地を所有するこれら三者の各面積を合計し、総量ベースで比較すると、「所有農地等」面積が15年間で▲12・５％、経営耕地面積が▲15・１％の減少となり、借入耕地面積が75・１％、耕作放棄地面積が79・５％それぞれ増加している。これによって、借入耕地率が１９９０年の10・４％から２００５年には21・４％に、耕作放棄地率が4.6％から9.4％にそれぞれ上昇しており、自作地割合（所有農地等のうち、自らが耕作を行なっている面積割合）は86・８％から73・９％へと約13ポイント低下している。つまり、この15年間で農地の所有と利用の乖離は急激に拡大したと言えよう。

（２）出し手側からみた農地利用――農地の貸付および耕作放棄の動向

近年、零細・小規模販売農家層から自給的農家への移動が増えたことによって自給的農家数が増加している(4)。また、土地持ち非農家数も一貫して増え続けている。これら両者が農地の主な出し手となって、これまで以上に農地の流動化が進んでいると推察される。そこで、販売農家（農地を貸し付けている販売農家の内実は零細・小規模の販売農家）も加え、出し手側の貸付耕地と耕作放棄地面積の推移をみた（表３－３）。

まず、貸付耕地については、三者ともに面積が増加し続けており、00―05年間での面積増加率は、自給的農家で41・８％、土地持ち非農家で30・９％と高い。その結果、２００５年での貸付耕地面積総量に占める自給的農家と土地持ち非農家の合計貸付耕地面積の割合は75・８％（自給的農家16・１％、土地持ち非農家59・７％）にまで高まっており、１９９０年に比べ10・５ポイントの上昇となる。

一方、00―05年間における耕作放棄地面積の増加も著しく、特に自給的農家では貸付耕地面積の増加率とほぼ同じ42・０％増となっている。耕作放棄地面積総量に占める割合も２００５年で初めて20％を超え、土地持ち非農家を加えると全体の６割強をこの両者で抱えていることになる。このように、２００５年までは、離農あるいは経営規模の縮小によって所有する農地を自ら耕作できなくなった農家の農地は、受け手が存在する地域ブロックでは貸付へ、受け手が少ない地域ブロックでは耕作放棄へと向かったと推察される。(5)

そこで、自給的農家と土地持ち非農家を対象に、「所有農地等」の利用状況を地域ブロック別に１９９０年時点と２００５年時点で比較した（表３－４）。すると、①１９９０年に比べ２００５年の貸付耕地率が低下している地域ブロックは、北関東、四国および北九州の３地域のみであり、他の地

表3-3　貸付または耕作放棄された面積の推移（全国）　（単位：1,000ha、%）

		面積						構成比			増減率			＜参考＞
		所有農地等（所有耕地面積＋耕作放棄地面積）		貸付		耕作放棄		所有農地等	貸付	耕作放棄	所有農地等	貸付	耕作放棄	世帯数増減率
総量	1990年	4,713	(*100.0*)	403	(*100.0*)	217	(*100.0*)	100.0	8.6	4.6				
	1995年	4,485	(*100.0*)	489	(*100.0*)	249	(*100.0*)	100.0	10.9	5.5	▲4.8	21.4	14.7	
	2000年	4,298	(*100.0*)	549	(*100.0*)	346	(*100.0*)	100.0	12.8	8.0	▲4.2	12.2	39.0	
	2005年	4,123	(*100.0*)	688	(*100.0*)	389	(*100.0*)	100.0	16.7	9.4	▲4.1	25.3	12.6	
土地持ち非農家	1990年	287	(6.1)	205	(50.8)	66	(30.5)	100.0	71.4	23.1				
	1995年	385	(8.6)	284	(58.1)	83	(33.2)	100.0	73.9	21.5	34.2	38.7	24.8	16.9
	2000年	473	(11.0)	314	(57.1)	133	(38.4)	100.0	66.3	28.0	23.0	10.4	60.8	21.1
	2005年	598	(14.5)	411	(59.7)	162	(41.7)	100.0	68.6	27.1	26.4	30.9	22.3	9.5
自給的農家	1990年	251	(5.3)	58	(14.5)	38	(17.5)	100.0	23.3	15.1				
	1995年	248	(5.5)	63	(12.9)	41	(16.7)	100.0	25.5	16.7	▲1.4	7.9	8.9	▲8.3
	2000年	276	(6.4)	78	(14.3)	56	(16.1)	100.0	28.4	20.2	11.3	24.1	34.4	▲1.1
	2005年	345	(8.4)	111	(16.1)	79	(20.3)	100.0	32.2	22.9	25.1	41.8	42.0	12.9
販売農家	1990年	4,048	(85.9)	140	(34.7)	113	(51.9)	100.0	3.5	2.8				
	1995年	3,729	(83.1)	142	(29.0)	120	(48.3)	100.0	3.8	3.2	▲7.9	1.6	6.9	▲10.7
	2000年	3,426	(79.7)	157	(28.6)	154	(44.7)	100.0	4.6	4.5	▲8.1	10.7	28.2	▲11.9
	2005年	3,064	(74.3)	164	(23.8)	144	(37.1)	100.0	5.3	4.7	▲10.6	4.2	▲6.5	▲16.0
計（総農家＋土地持ち非農家）	1990年	4,586	(97.3)	403	(100.0)	217	(100.0)	100.0	8.8	4.7				
	1995年	4,361	(97.2)	489	(100.0)	244	(98.3)	100.0	11.2	5.6	▲4.9	21.4	12.7	▲5.6
	2000年	4,175	(97.1)	549	(100.0)	343	(99.2)	100.0	13.2	8.2	▲4.3	12.2	40.3	▲3.0
	2005年	4,008	(97.2)	686	(99.6)	386	(99.1)	100.0	17.1	9.6	▲4.0	24.8	12.5	▲4.0
	2010年	3,924	(…)	913	(…)	396	(…)	100.0	23.1	10.1	▲2.1	33.2	2.6	▲3.6

資料：「農業センサス」（1990年、1995年、2000年、2005年、2010年）。
注：「総量」には農家以外の農業事業体の面積を含む。

表3-4　自給的農家および土地持ち非農家が所有する農地等の利用状況の変化（1990年→2005年）

（単位：%）

	1990年（自給的農家＋土地持ち非農家）				2005年（自給的農家＋土地持ち非農家）				ポイント差（90-05年）		
	所有農地等	貸付耕地	経営耕地	耕作放棄地	所有農地等	貸付耕地	経営耕地	耕作放棄地	貸付耕地	経営耕地	耕作放棄地
全国	100.0	48.9	31.7	19.4	100.0	55.3	19.1	25.6	6.4	▲12.6	6.2
北海道	100.0	79.7	5.0	15.3	100.0	85.8	1.4	12.8	6.1	▲3.7	▲2.5
都府県	100.0	47.2	33.3	19.6	100.0	52.0	21.0	26.9	4.9	▲12.2	7.4
東北	100.0	56.1	27.6	16.4	100.0	61.0	13.6	25.3	5.0	▲13.9	8.9
北陸	100.0	68.5	21.1	10.3	100.0	75.9	11.8	12.3	7.3	▲9.3	2.0
北関東	100.0	58.3	25.4	16.3	100.0	56.6	15.1	28.3	▲1.8	▲10.3	12.0
南関東	100.0	41.8	33.2	25.0	100.0	44.9	20.7	34.4	3.1	▲12.6	9.4
東山	100.0	30.0	43.9	26.0	100.0	32.7	30.7	36.6	2.7	▲13.3	10.5
東海	100.0	37.2	41.1	21.8	100.0	44.9	29.1	26.1	7.7	▲12.0	4.3
近畿	100.0	44.6	34.4	21.0	100.0	46.0	25.0	29.0	1.4	▲9.5	8.0
山陰	100.0	41.4	34.6	24.0	100.0	44.2	25.5	30.3	2.8	▲9.1	6.3
山陽	100.0	33.0	41.2	25.7	100.0	34.6	29.3	36.0	1.6	▲11.9	10.3
四国	100.0	34.6	38.5	26.9	100.0	33.3	30.2	36.5	▲1.3	▲8.3	9.6
北九州	100.0	54.4	23.9	21.6	100.0	52.9	17.3	29.8	▲1.6	▲6.6	8.2
南九州	100.0	50.5	31.4	18.1	100.0	54.3	20.9	24.8	3.8	▲10.5	6.7
沖縄	100.0	52.9	27.6	19.5	100.0	54.2	14.6	31.2	1.3	▲12.9	11.7

資料：「農業センサス」（1990年、2005年）。

域ブロックはいずれも同率が上昇している。貸付耕地率の上昇度合いは東海および北陸でそれぞれ7.7ポイント、7.3ポイントと高い。②耕作放棄地率は北海道を除く全ての地域ブロックで2005年のほうが高く、北関東、東山、山陽および沖縄で10ポイントを超える上昇となっている。2005年の耕作放棄地率は、東山、山陽および四国で36～37%と高い。③経営耕地面積率（主に自給的農家の自作地の割合）は北海道を含む全地域ブロックで低下しており、東北での減少度合いが最も大きい。④東山、山陽および四国の耕作放棄地率が、2005年において貸付耕地率を上回るようになっている。等、総じて担い手不足が深刻化している地域ブロックにおいて、農地利用の後退が進行していることが確認できる。

さらに、農地の貸付と耕作放棄の動向を都道府県単位にみたのが図3－2である。縦軸に耕作放棄地率の動向（1990年割合と2005年割合とのポイント差）、横軸に貸付耕地率の動向（同）をとり、都道府県をプロットしたものであるが、農地の貸付率が上昇している都道府県ほど耕作放棄率の上昇度合いが低い傾向が確認される（決定係数0・549）。

また、図の右下に位置するのは、自ら耕作しなくなった自給的農家や土地持ち非農家の農地の多くが他の農家や組織に集積され、耕作放棄地の発生が比較的低い県であり、実線で囲んだグループAの中には、北海道のほか、秋田県、宮城県、山形県、新潟県、富山県、福井県、愛知県、岐阜県、三重県、滋賀県、兵庫県の各県が該当する。

これらの県に共通するのは（北海道を除く）、いずれも水田率が高く、東北の3県等ではまだ層と

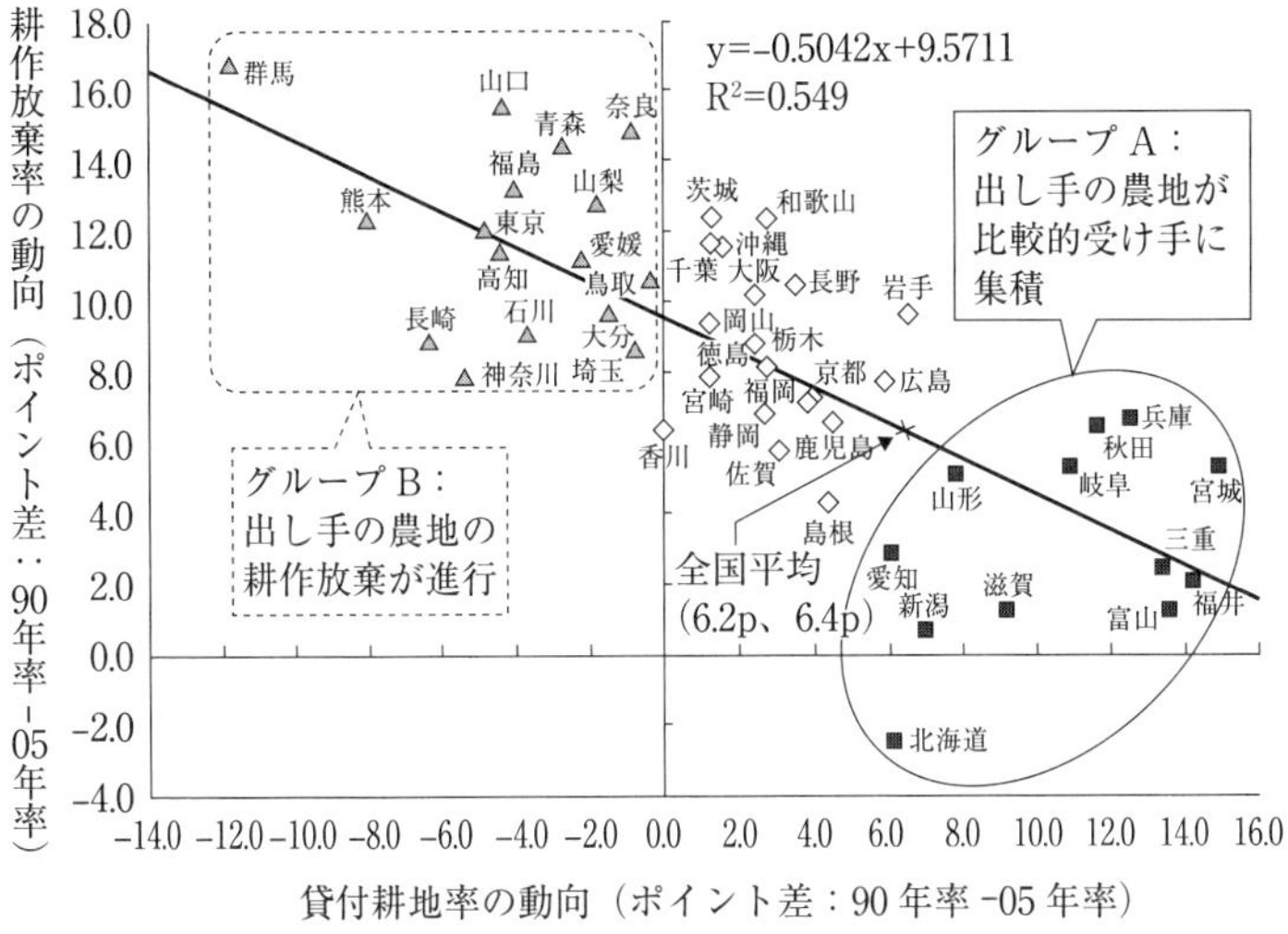

図3-2　自給的農家および土地持ち非農家が所有する農地等の利用動向（全国：1990-2005年間）

資料：「農業センサス」（1990年、2005年）。

して存在している個別の大規模農家が、早くから集落営農の組織化が進んでいる富山県、福井県、岐阜県、滋賀県等ではこれら営農組織が、それぞれ自給的農家等の農地の主な受け手となっている可能性が高い。この点については後の第4節の（2）において詳しく分析する。

一方、図の左上に位置するのは、貸付耕地率が低下し、耕作放棄地率が上昇している農地の荒廃傾向が強い都府県であるが、点線で囲んだグループBの中には青森県、福島県、群馬県、埼玉県、東京都、神奈川県、山梨県、石川県、奈良県、鳥取県、山口県、愛媛県、高知県、長崎県、熊本県、大分県の各県が該当する。主に農外への農地転用が進んだ大都市部の都府県のほか、１９９０年代前半に桑園や樹園地といった畑の耕作放棄が急速に進行した中山間地域を抱える県等が含まれている。

(3) 受け手側からみた農地利用——借地による農地の集積動向

前述したように、土地持ち非農家や自給的農家の貸付耕地が近年大幅に増加しており、農地の出し手としてのウエイトを高めている。では逆に、受け手の側からみれば農地利用はどのように変化しているのだろうか。表3-5は、農地の受け手である販売農家(内実は大規模農家が中心)と農家以外の農業事業体の経営耕地面積と借入耕地面積の推移をみたものである。

まず、販売農家についてみると、経営耕地面積の減少率は、農家数の減少傾向が強まったことを反映して、05—10年間では▲7.4%となっている。これに対し借入耕地面積は、1990年以降、各5年間で1~2割の増加を続けており、2010年での同面積は76・0万haと、経営耕地面積の2割強を占めるに至っている。

一方、農家以外の農業事業体は、00—05年間に事業体数が大幅に増加したこともあり、この間だけで経営耕地面積が約2割増え、2005年の経営耕地面積シェア(経営耕地面積総量に占める割合)は6.3%にまで高まっている。しかし、それ以上に増加しているのが借入耕地であり、2005年には13・3万haとなっている。00—05年間の面積増加率は61・4%にもなり、2005年の借入耕地面積シェア(借入耕地面積総量に占める割合)は16・0%に達している。同事業体では、1990年には経営耕地の約3分の1を占めるに過ぎなかった借入耕地が、2005年では経営耕地の過半(54・

表3-5　受け手側（販売農家および農家以外の農業事業体）の農地利用の動き（全国）

（単位：1,000ha、%）

		総量			小計			販売農家			農家以外の農業事業体		
		経営耕地	借入耕地	借入耕地面積割合	経営耕地	借入耕地	借入耕地面積割合	経営耕地	借入耕地	借入耕地面積割合	経営耕地	借入耕地	借入耕地面積割合
面積	1990年	4,567	475	10.4	4,389	467	10.6	4,199	404	9.6	190	63	33.3
	1995年	4,329	576	13.3	4,154	569	13.7	3,970	504	12.7	184	65	35.3
	2000年	4,114	711	17.3	3,938	703	17.8	3,734	620	16.6	203	83	40.6
	2005年	3,877	831	21.4	3,690	824	22.3	3,447	691	20.0	243	133	54.9
	2010年	…	…	…	(3,632)	(1,063)	(29.3)	3,191	760	23.8	…	…	…
増減率	90−95年	▲5.2	21.3		▲5.3	21.8		▲5.4	24.8		▲3.1	2.6	
	95−00年	▲5.0	23.4		▲5.2	23.5		▲5.9	23.1		10.3	26.9	
	00−05年	▲5.8	17.0		▲6.3	17.3		▲7.7	11.4		19.5	61.4	
	05−10年	…	…		▲1.6	29.0		▲7.4	10.0		…	…	
面積シェア	1990年	100.0	100.0		96.1	98.4		91.9	85.0		4.2	13.4	
	1995年	100.0	100.0		96.0	98.8		91.7	87.5		4.3	11.3	
	2000年	100.0	100.0		95.7	98.9		90.8	87.3		4.9	11.6	
	2005年	100.0	100.0		95.2	99.2		88.9	83.1		6.3	16.0	

資料：「農業センサス」（1990年、1995年、2000年、2005年、2010年）。

注：1．経営耕地面積総量および借入耕地面積総量には、自給的農家および土地持ち非農家分の面積を含む。

2．「農家以外の農業事業体」は、販売目的の事業体と牧草地経営体の合計面積である。

3．2010年の「小計」欄には、農業経営体の面積を（　）書きで示した。

9％）を占めるようになっており、借地型事業体の新設とともに、既存事業体でも借地による農地集積が進んだと推察される。

なお、2010年農業センサス結果ではまだ農業経営体の内訳がわからないため、その動向を把握することはできないが、05―10年間での農業経営体の経営耕地面積の減少率が▲1.6％に低下する一方で、借入耕地面積の増加率が10ポイント以上高まっていることから、農家以外の農業事業体がさらに借地による農地集積を進めているとみてよいだろう。

このように、近年、農家以外の農業事業体が借地によって経営耕地面積シェアを高めつつあるわけだが、このことには、とりわけ地域性がある。表3―6は、同事業体の経営耕地面積シェアの推移を地域ブロック別にみたものであるが、2005年では北海道および北陸で10％近いシェアを占め、山陰も7.6％と高い。北陸および山陰は、1990年からシェアを6～7ポイント高めており、農家以外の農業事業体が地域農業の重要な担い手となりつつあることが確認できる。

さらに、同表で農家以外の農業事業体の経営耕地面積シェアを都道府県別にみると、地域差はより鮮明になる。2005年の経営耕地面積シェアは富山県、岩手県、福井県および岐阜県で10％を超えており、そのなかでも富山県が19・5％と突出している。また、1990年以降にシェアを急激に高めているところ（1990年時に比べシェアが5ポイント以上上昇している県）をみると、集落営農組織の育成に積極的な県（富山県、福井県、岐阜県、滋賀県、島根県等）が多く、逆に同シェアの上位15県には入っているものの、この間シェアが低下あるいはさほど上昇していないところには、主に

表3-6　農家以外の農業事業体の経営耕地面積シェアの推移　（単位：%）

	経営耕地面積シェア（農家以外の農業事業体）					2005年経営耕地面積シェア上位および下位15都道府県					
	1990年	1995年	2000年	2005年	90－05年ポイント差	都道府県名	2005年	90－05年ポイント差	都道府県名	2005年	90－05年ポイント差
全　国	4.2	4.3	4.9	6.3	2.1	① 富　山	19.5	17.1	㊼ 和歌山	0.6	0.3
北海道	9.0	8.6	9.1	9.8	0.9	② 岩　手	12.2	1.4	㊻ 奈　良	1.0	0.5
都府県	2.6	2.7	3.4	4.9	2.3	③ 福　井	12.1	9.3	㊺ 佐　賀	1.0	0.0
東　北	5.0	4.7	5.7	5.8	0.8	④ 岐　阜	10.5	7.9	㊹ 香　川	1.1	0.8
北　陸	2.1	2.4	4.7	9.5	7.4	⑤ 北海道	9.8	0.9	㊸ 徳　島	1.4	0.7
北関東	1.4	1.3	1.5	2.6	1.2	⑥ 島　根	8.1	6.8	㊷ 大　阪	1.5	1.3
南関東	0.8	0.8	0.9	2.1	1.3	⑦ 石　川	7.7	5.5	㊶ 長　崎	1.6	0.9
東　山	2.9	3.7	3.7	5.1	2.2	⑧ 鳥　取	7.0	4.3	㊵ 埼　玉	1.8	1.2
東　海	1.7	2.3	2.5	5.5	3.8	⑨ 青　森	6.9	▲1.0	㊴ 東　京	1.8	▲0.5
近　畿	1.0	1.0	1.8	4.2	3.2	⑩ 滋　賀	6.9	5.7	㊳ 千　葉	2.1	1.4
山　陰	2.0	2.6	3.2	7.6	5.6	⑪ 宮　城	6.8	3.3	㊲ 福　岡	2.2	1.9
山　陽	1.5	1.9	2.1	4.0	2.5	⑫ 広　島	5.8	4.3	㊱ 静　岡	2.2	0.5
四　国	0.5	0.7	0.7	1.8	1.3	⑬ 愛　知	5.8	4.0	㉟ 愛　媛	2.3	1.7
北九州	3.0	3.1	4.2	3.4	0.4	⑭ 新　潟	5.7	3.9	㉞ 高　知	2.3	1.8
南九州	1.7	2.3	2.1	4.4	2.7	⑮ 熊　本	5.5	▲0.5	㉝ 栃　木	2.3	0.1
沖　縄	2.9	6.3	3.5	5.2	2.3						

資料：「農業センサス」（1995年、2000年、2005年）。
注：農家以外の農業事業体の面積は、販売目的の事業体と牧草地経営体の経営耕地面積の合計である。

畜産部門の事業体（牧草地経営体等）が展開している県（北海道、青森県、岩手県、熊本県等）が多いといった色分けができる。また、シェアが下位の15県のなかには、三大都市圏域の都府県のほか、園芸作物を中心とする県（和歌山県、静岡県、愛媛県、高知県等）が多いといった特徴もうかがえる。

このように、水田地域と畑作地域では農地利用の変化に違いがあり、近年、構造変化が顕著なのは水田地域、すなわち水田農業をめぐる農地利用である。そこで以下では、販売農家、農家以外の農業事業体に水稲作サービス事業体も加え、水田の利用構造とその変化について地域性を踏まえ検討する(6)。

4 水田の利用構造の変化と地域性

(1) 水田流動化の動き

前掲表3－5でも明らかなように、近年、借地による農地の流動化が加速する傾向にあるが、この傾向はとりわけ田において顕著である。そこで表3－7により全国平均の借地による田の流動化率（経営田面積総量に占める借入田面積総量の割合）をみると、1990年の10・0％から上昇を続け、2010年では34・3％にまで達している。また、注目すべきは、各5年間の田流動化率の上昇度合

表3-7　借地による水田流動化の動き（全国）　（単位：1,000ha、%）

	田流動化率（経営田面積に占める借入田面積の割合）					各5年間における田流動化率の上昇ポイント数				田流動化率上位15府県（2010年）		
	1990年	1995年	2000年	2005年	2010年	90−95年	95−00年	00−05年	05−10年	都道府県名	流動化率	05−10年間の上昇ポイント数
全国	10.0	13.2	17.7	23.7	34.3	3.2	4.5	5.9	10.6	①佐賀	66.8	42.2
北海道	6.3	10.2	14.4	19.6	24.2	4.0	4.2	5.2	4.6	②富山	53.9	13.8
都府県	10.4	13.6	18.1	24.1	35.5	3.2	4.5	6.0	11.4	③滋賀	51.6	11.1
東北	6.4	9.2	13.3	18.1	31.0	2.8	4.1	4.7	12.9	④石川	51.3	11.6
北陸	13.8	17.8	24.4	33.1	44.2	4.0	6.6	8.6	11.1	⑤福井	49.6	15.2
北関東	8.7	11.5	15.2	21.4	29.7	2.9	3.7	6.2	8.3	⑥福岡	46.1	16.9
南関東	9.6	12.4	16.9	23.5	30.8	2.8	4.4	6.7	7.2	⑦静岡	43.7	7.5
東山	9.9	13.0	17.4	24.5	38.5	3.2	4.3	7.2	13.9	⑧愛知	41.2	8.5
東海	11.9	16.4	21.3	30.6	41.0	4.5	5.0	9.2	10.4	⑨山形	40.7	16.8
近畿	13.7	17.5	22.7	28.7	36.2	3.8	5.2	6.1	7.5	⑩岐阜	40.7	12.8
山陰	11.0	13.5	17.3	25.1	35.0	2.5	3.8	7.8	9.8	⑪長野	39.9	14.8
山陽	11.3	14.0	18.0	23.4	32.4	2.6	4.1	5.4	9.0	⑫三重	39.8	11.4
四国	11.3	13.4	16.6	20.4	28.5	2.1	3.1	3.8	8.1	⑬島根	38.3	10.9
北九州	13.4	17.0	21.3	25.9	44.7	3.5	4.3	4.6	18.7	⑭鹿児島	38.2	7.6
南九州	13.7	16.8	21.3	26.6	33.1	3.1	4.5	5.4	6.5	⑮新潟	37.7	9.1

資料：「農業センサス」（1990年、1995年、2000年、2005年、2010年）。

注：1．2005年までの田流動化率は販売農家と農家以外の農業事業体（販売目的と牧草地経営体の合計）の合計面積、2010年の田流動化率は農業経営体の面積による。

2．2010年の田流動化率は沖縄県も57.4%と高いが、田面積がごくわずかしかないため除外した。

いが強まっていることであり、90―95年間の3.2ポイントの上昇から、95―00年間では4.5ポイントの上昇、00―05年間では5.9ポイントの上昇、05―10年間では10・6ポイントの上昇となっている。

次に、地域ブロック別の田流動化率をみると、北陸、東海および北九州での上昇が顕著であり、1990年から20ポイント近く上昇し、2010年ではそれぞれ40％を超えている。このほか、東山、近畿および山陰でも35％の水準を超え、これまで流動化率の低かった北海道でも25％近くにまで達している。なお、全地域ブロック共通して05―10年間での上昇度合いが最も大きく、流動化率が44・7％と最も高くなった北九州では、この5年間だけで19ポイント近く率を高めている等、近年になって借地による水田の流動化が活発化し始めた様子がうかがえる。

さらに、これを都道府県単位にみると、2010年の田流動化率は、佐賀県で66・8％、富山県で53・9％、滋賀県で51・6％、石川県で51・3％といずれも50％を超え、福井県、福岡県、静岡県、愛知県、山形県および岐阜県の6県でも40％を超えている。これらの県の多くはこの5年間に一気に流動化率を高めており（特に佐賀県で42・2ポイントの上昇）、短期間で水田の利用構造が大きく変化している。

（2）「中心的な担い手」層による水田の集積状況

都府県における水田利用の動きをみると（表3－8）、地域の水田農業の「中心的な担い手」層である大規模個別農家（経営耕地面積が5ha以上の農家）と農家以外の農業事業体が着実に水田を集積してきている様子がうかがえる。特に、両者による00―05年間における経営田面積シェアの上昇は顕著で、大規模個別農家が4.6ポイント、農家以外の農業事業体が2.6ポイント、それぞれこの5年間でシェアを高めている。その結果、大規模個別農家と農家以外の農業事業体を合わせた経営田面積シェアは、1990年の5.9%、1995年の9.1%、2000年の13・3%から、2005年には一気に20・5%へと上昇しており、上層農家や集落営農組織(7)への水田の利用集積が進んでいる。

ところで、これら「中心的な担い手」層の経営田面積シェアの上昇は、その大部分が借入田面積の増加によるものであり、2005年の借入田面積全体に占めるシェアは、大規模個別農家が37・4%、農家以外の農業事業体が15・4%となり、借地に出されている水田の過半を両者が引き受けている。

そこで、各5年間に増加した借入田面積の引き受け手としての貢献度合いを「寄与率」(借入田面積総量の5年間の増加面積に占める各主体の借入田面積の同増加面積の割合)として求め、各期間の動きを比較すると、大規模個別農家の寄与率が00―05年間でも58・5%と高いことに変わりはないが、90―95年間に比べると8.2ポイント低下している。これに対し、農家以外の農業事業体の寄与率は、90―95年間の5.8%から95―00年間には18・0%、そして00―05年間では46・9%へと急激に上昇しており、2000年以降になって農家以外の農業事業体が、地域の水田農業の「中心的な担い手」として非常に大きな役割を果たすようになってきていることがわかる。

また、00―05年間では、大規模個別農家と農家以外の農業事業体の合計寄与率が100%を超えて

表 3-8 「中心的な担い手」層による水田の集積動向（都府県） （単位：1,000ha、%）

		経営田面積					借入田面積				
		計	大規模個別農家＋農家以外の農業事業体	大規模個別農家	農家以外の農業事業体	その他販売農家	計	大規模個別農家＋農家以外の農業事業体	大規模個別農家	農家以外の農業事業体	その他販売農家
実数	1990 年	2,205	130	115	15	2,075	229	45	35	9	137
	1995 年	2,073	188	173	15	1,885	281	83	70	12	129
	2000 年	1,968	262	232	30	1,706	356	140	114	26	94
	2005 年	1,858	380	305	75	1,477	448	237	168	69	143
増減率	95/90 年	▲ 6.0	44.7	50.3	0.8	▲ 9.2	22.8	84.6	98.3	32.6	▲ 5.8
	00/95 年	▲ 5.0	39.4	33.9	104.2	▲ 9.5	26.7	69.0	62.0	109.3	▲ 27.5
	05/00 年	▲ 5.6	44.9	31.5	146.8	▲ 13.4	25.9	69.5	47.4	166.6	52.3
面積シェア	1990 年	100.0	5.9	5.2	0.7	94.1	100.0	19.5	15.5	4.1	59.8
	1995 年	100.0	9.1	8.4	0.7	90.9	100.0	29.4	25.0	4.4	45.9
	2000 年	100.0	13.3	11.8	1.5	86.7	100.0	39.2	31.9	7.3	26.3
	2005 年	100.0	20.5	16.4	4.1	79.5	100.0	52.8	37.4	15.4	31.8
寄与率	90-95 年						100.0	72.6	66.7	5.8	27.4
	95-00 年						100.0	75.9	57.9	18.0	24.1
	00-05 年						100.0	105.4	58.5	46.9	▲ 5.4

資料：「農業センサス」（1990 年、1995 年、2000 年、2005 年）。

注：1. 「農家以外の農業事業体」は、販売目的の事業体と牧草地経営体の合計面積である。

2. 「大規模個別農家」とは、経営耕地面積が 5ha 以上の販売農家である。

3. 「寄与率」とは、5 年間の田借地増加面積（総量）に対する、各主体の借地増加面積の割合である。

いることも注目すべき点であろう。出し手と受け手が混在する５ha未満の販売農家層では、これまで全体的にみれば受け手としての役割のほうが強く、95—00年間でも24・１%の寄与率を持っていた。しかし、これら規模層の多くの農家が農地の受け手から出し手に変わったことによって、これら農家層の内部だけでは完全に農地を引き受けきれない状況になったことを示している。

さらに、これらの動きについて地域性をみるため、１９９０年から２００５年までの15年間を一括りとした寄与率を都府県別に求め、散布図上にプロットした（図３−３）。これをみると、概ね三つ（「その他」を加えれば四つ）にグループ分けすることができる。

第一のグループは、農家以外の農業事業体の寄与率がきわめて高く、大規模個別農家の寄与率が低いところであり、富山県、福井県、岐阜県、島根県および広島県の５県が該当する。これらの県は、いずれも集落営農の先進県であり、耕作できなくなった農家の農地を主に集落営農組織等の農家以外の農業事業体が引き受けてきた「組織対応型」の県と言えよう。

第二のグループは、これとは対照的に、大規模個別農家の寄与率が高く、農家以外の農業事業体の寄与率が低いところであり、青森県、山形県、栃木県、千葉県、静岡県、佐賀県、熊本県、鹿児島県等20県が該当する。主に大規模個別農家が地域の水田を引き受けてきた「個別農家対応型」の県である。

第三のグループは、両グループの中間に位置するグループであり、宮城県、新潟県、石川県、愛知県、兵庫県、滋賀県、鳥取県等11県が該当する。これらの府県は、両者の寄与率が拮抗しており、

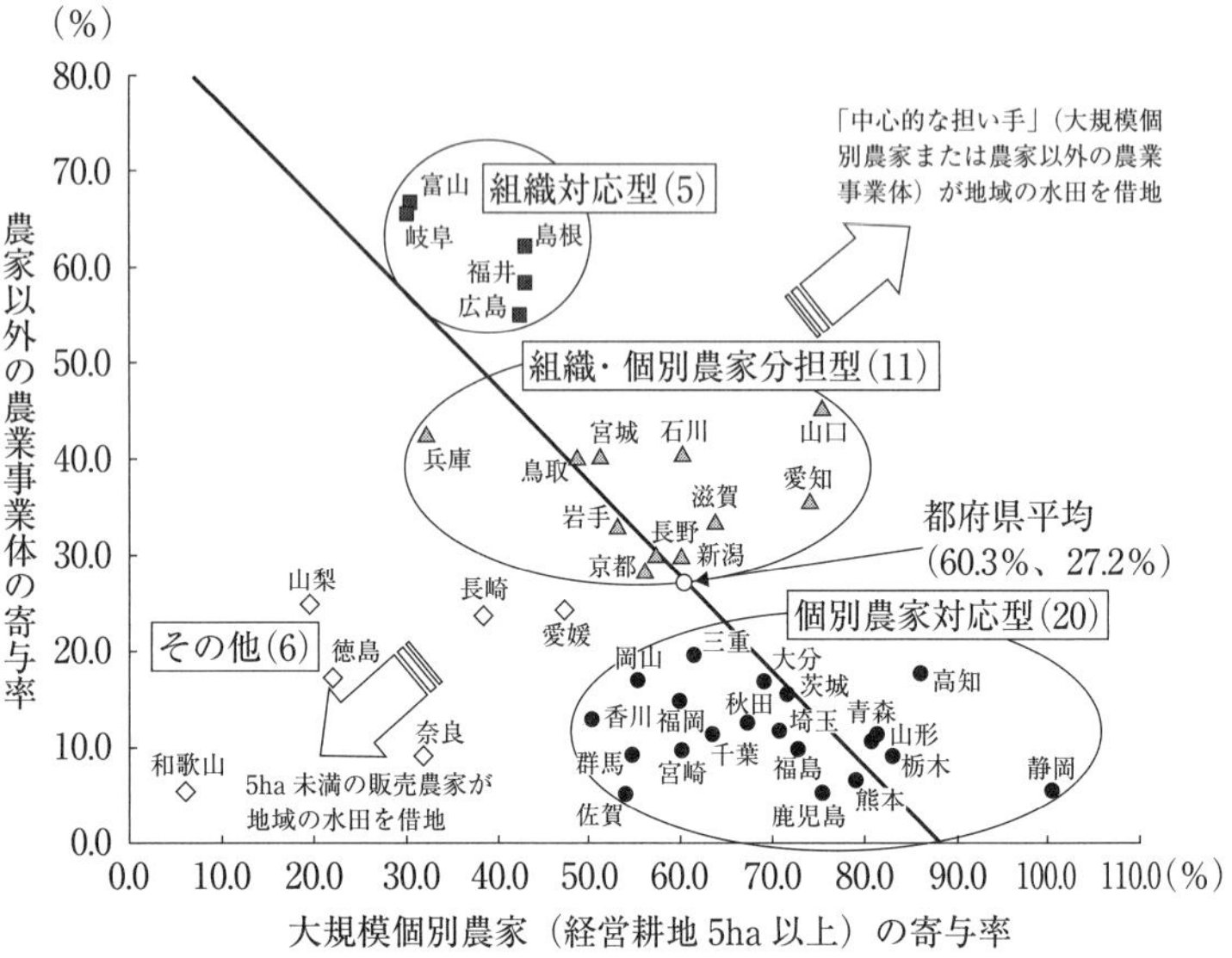

図 3-3　田の借地における「担い手」別の寄与率(都府県:1990-2005 年間)

資料:「農業センサス」(1990 年、2005 年)。
注:1. 東京都、神奈川県、大阪府、沖縄県を除く。
2. 「寄与率」とは、90 年から 05 年の間に増加した田借地面積(総量)に対する、各主体の田借地増加面積の割合をいう。
3. 図中の斜線は、大規模個別農家と農家以外の農業事業体の合計寄与率が都府県平均と一致するところを示す。

「組織・個別農家分担型」と呼ぶことができよう。

なお、これら三つのグループのいずれにも該当しない県が6県あるが、これらの県は果樹や野菜といった園芸作を主体とする県であり、水田はもっぱら自給用に供されているところである。

このように、1990年以降2005年までの水田農業の担い手形成は、地域の実情に応じた異なる展開をしてきたと言える。

５　２００５年以降の集落営農組織の動向と構造変化

(1) 集落営農組織数と組織の集積面積の動向

２０００年農業センサスまでの定義（旧定義）である農家以外の農業事業体の集計結果がまだ公表されていないため、最も関心の高かった集落営農組織の展開による農地利用状況等の変化をうかがい知ることができない。そこで、毎年調査が実施されている「集落営農実態調査（農林水産省統計部）」のデータと現段階で利用可能な２０１０年農業センサスのデータとを組み合わせ、構造変化の態様を探ることとした。

初めに、集落営農実態調査結果から２００５年以降の集落営農組織数と組織の集積面積を表３－９に整理した。この表から、まず全国の集落営農組織数の推移をみると、２００５年時点の１万63組織から増加を続け２０１０年では１万３５７７組織へと３０００組織以上増えている（増加率34・9％）。年次別にみると、06―07年間の増加率が15・４％と最も高く、「水田・畑作経営所得安定対策」へ加入するための駆け込み設立が多かったことがうかがわれる。このことは、それまで組織化の動きが比較的鈍かった東北、北関東、四国、北九州等で、この時期に組織数が急増していることからもわかる。一方、集落営農の先進地である北陸、近畿、山陰、山陽での組織数の増加は緩やかであ

表3-9　集落営農組織数および組織の集積面積の動向　（単位：組織、100ha、%）

	組織数							集積面積（経営耕地面積＋農作業受託面積）						
	2005年	06年	07年	08年	09年	10年	増減率 10/05年	2005年	06年	07年	08年	09年	10年	増減率 10/05年
全　国	10,063	10,481	12,095	13,062	13,436	13,577	34.9	3,531	3,600	4,366	4,837	5,018	4,951	40.2
（増減率）		(4.2)	(15.4)	(8.0)	(2.9)	(1.0)			(1.9)	(21.3)	(10.8)	(3.7)	(▲1.3)	
北海道	396	357	324	320	289	289	▲27.0	884	759	738	726	724	629	▲28.8
都府県	9,667	10,124	11,771	12,742	13,147	13,288	37.5	2,648	2,841	3,628	4,111	4,294	4,322	63.2
東　北	1,624	1,792	2,170	2,825	2,981	2,997	84.5	606	648	853	1,230	1,357	1,343	121.6
北　陸	1,912	1,953	2,042	2,063	2,079	2,089	9.3	508	498	516	532	542	548	8.0
北関東	217	221	428	452	457	471	117.1	74	81	164	171	171	169	129.4
南関東	62	77	127	148	155	155	150.0	20	24	58	76	77	77	286.8
東　山	184	187	217	263	296	310	68.5	106	118	139	186	215	223	109.9
東　海	753	776	823	790	787	790	4.9	207	216	264	262	250	257	24.3
近　畿	1,585	1,606	1,600	1,704	1,767	1,771	11.7	283	311	287	288	294	294	3.9
山　陰	564	597	628	662	673	674	19.5	100	104	108	112	112	111	10.1
山　陽	1,022	992	1,018	1,023	1,053	1,085	6.2	187	193	194	200	201	207	10.9
四　国	193	242	316	336	368	378	95.9	67	86	115	112	125	128	90.8
北九州	1,402	1,521	2,225	2,280	2,319	2,325	65.8	431	506	870	873	879	875	103.1
南九州	143	154	171	190	206	237	65.7	51	48	50	60	62	82	60.7
沖　縄	6	6	6	6	6	6	0.0	9	9	9	9	9	9	▲1.6

資料：「集落営農実態調査結果」（農林水産省統計部）各年版。
注：前年から20%以上組織数、集積面積が増加しているものを□で囲んだ。

り、近年は横ばいで推移している。

次に、集落営農組織の集積面積（経営耕地面積と農作業受託面積の合計）についてみると、全国計では2005年の35・3万haから増加を続け、2009年には50・2万haまで達したが、2010年ではわずかに減少し49・5万haとなっている（2005年からの増加率は40・2％）。これを地域ブロック別にみると、組織数が増加した地域ブロックにおいて集積面積の増加率も高く、東北、北関東、南関東、東山および北九州では2倍以上の面積となっている。これら地域ブロックは、いずれも2006年から2008年にかけて集積面積が急増しており、前述したように「水田・畑作経営所得安定対策」への加入を契機に組織化が図られ、農地の集積が急速に進んだと推察される。なお、北陸や近畿での集積面積は、組織数と同様に近年頭打ち状況になりつつある。

（2）集落営農組織の展開による農業構造の変化

では、これら集落営農組織の展開が、農業構造にどのような影響を及ぼしたのだろうか。集落営農組織の農地集積水準および集積動向と「農業センサス」における農業構造指標との単相関分析を試みた（表3－10）。

この表から、集落営農組織の農地集積水準は、総農家数や販売農家数の増減率と強い負の相関が、土地持ち非農家数の増減率とは比較的強い正の相関があり、販売農家数の動きとの相関関係が最も強い。また、借入耕地面積の増減率や同面積率の上昇ポイント数、さらには2010年の借入耕地面積

表3-10　集落営農組織の農地集積状況と農業構造指標との相関関係

(n=47)

	集落営農組織の農地集積水準（2010年の農地集積率）		集落営農組織の農地集積動向（2005年からの集積率の上昇ポイント数）	
集落営農組織の農地集積水準（2010年の農地集積率）	1.0000	–	0.6023	[**]
集落営農組織の農地集積動向（2005年からの集積率の上昇ポイント数）	0.6023	[**]	1.0000	–
総農家数の増減率（2005–10年）	–0.8546	[**]	–0.5281	[**]
販売農家数の増減率（2005–10年）	–0.8972	[**]	–0.5823	[**]
自給的農家数の増減率（2005–10年）	0.0139	[ ]	0.2825	[ ]
土地持ち非農家数の増減率（2005–10年）	0.7865	[**]	0.5706	[**]
組織経営体数の増減率（2005–10年：農業経営体）	0.2215	[ ]	0.3214	[*]
農業就業人口の増減率（2005–10年：販売農家）	–0.7418	[**]	–0.2221	[ ]
農業就業人口高齢化率の上昇ポイント数（2005–10年：販売農家）	–0.1140	[ ]	–0.3933	[**]
経営耕地面積の増減率（2005–10年：農業経営体）	0.1936	[ ]	0.1433	[ ]
借入耕地面積の増減率（2005–10年：農業経営体）	0.7531	[**]	0.8823	[**]
2005年の借入耕地面積率（2005年：農業経営体）	0.4188	[**]	–0.1317	[ ]
2010年の借入耕地面積率（2010年：農業経営体）	0.7630	[**]	0.3273	[*]
借入耕地面積率の上昇ポイント数（2005–10年：農業経営体）	0.8892	[**]	0.7802	[**]
耕作放棄地面積の増減率（2005–10年：農家＋土地持ち非農家）	0.2969	[*]	0.2958	[*]

資料：「農業センサス」(2005年、2010年)、「集落営農実態調査」(2005年、2010年)、「耕地及び作付面積統計」(2005年、2010年)。

注：1．農地集積率の算出にあたっては、「耕地及び作付面積統計」の耕地面積（田畑合計）を分母とした。

2．都道府県データを用いた単相関分析結果であり、[**] は1%水準、[*] は5%水準で有意な項目を指す。

率との相関も強く、集落営農組織が借地によって農地集積を図った様子がこの結果に現われている。このことは、集落営農組織の農地集積動向と借入耕地面積の増減率や同面積率の上昇ポイント数との間にも強い正の相関関係があることからも確認できる。

なお、組織経営体数の増減率とは、農地の集積水準、集積動向ともに正の関係にはあるが係数はさほど大きくない。これは、前述したように組織経営体の中に近年減少傾向が顕著な農業サービス事業体が含まれているためであり、これを除く販売目的の農家以外の農業事業体に限定すれば、おそらく強い正の相関関係があると推察される。

このように、都道府県別データを用いた相関分析から、２００５年以降における集落営農組織の展開が農業構造に少なからぬ影響を及ぼしていることがうかがえるわけだが、最後に強い負の相関関係がみられた集落営農組織の農地集積水準と販売農家数の減少率によって各都道府県をプロットしてみると（図３－４）、右上がりの回帰直線周辺に各都道府県がきれいに並ぶ（決定係数０・８０５）。

その中で、今期、特徴的な動きを示しているのが佐賀県であり、組織の集積面積率が急激に上昇し53・8％となる一方で、販売農家数の減少率も40・9％となっており、両率ともに突出している。前掲図３－３をみると、同県は２００5年までは「個別農家対応型」の県であり、この5年間で急激に組織化が進んだと言える。なお、これほど極端ではないものの、同様の傾向が近隣の福岡県においても確認される。

他方、古くから組織化が進展し「組織対応型」の県であった富山県、福井県の２０１０年の集積率

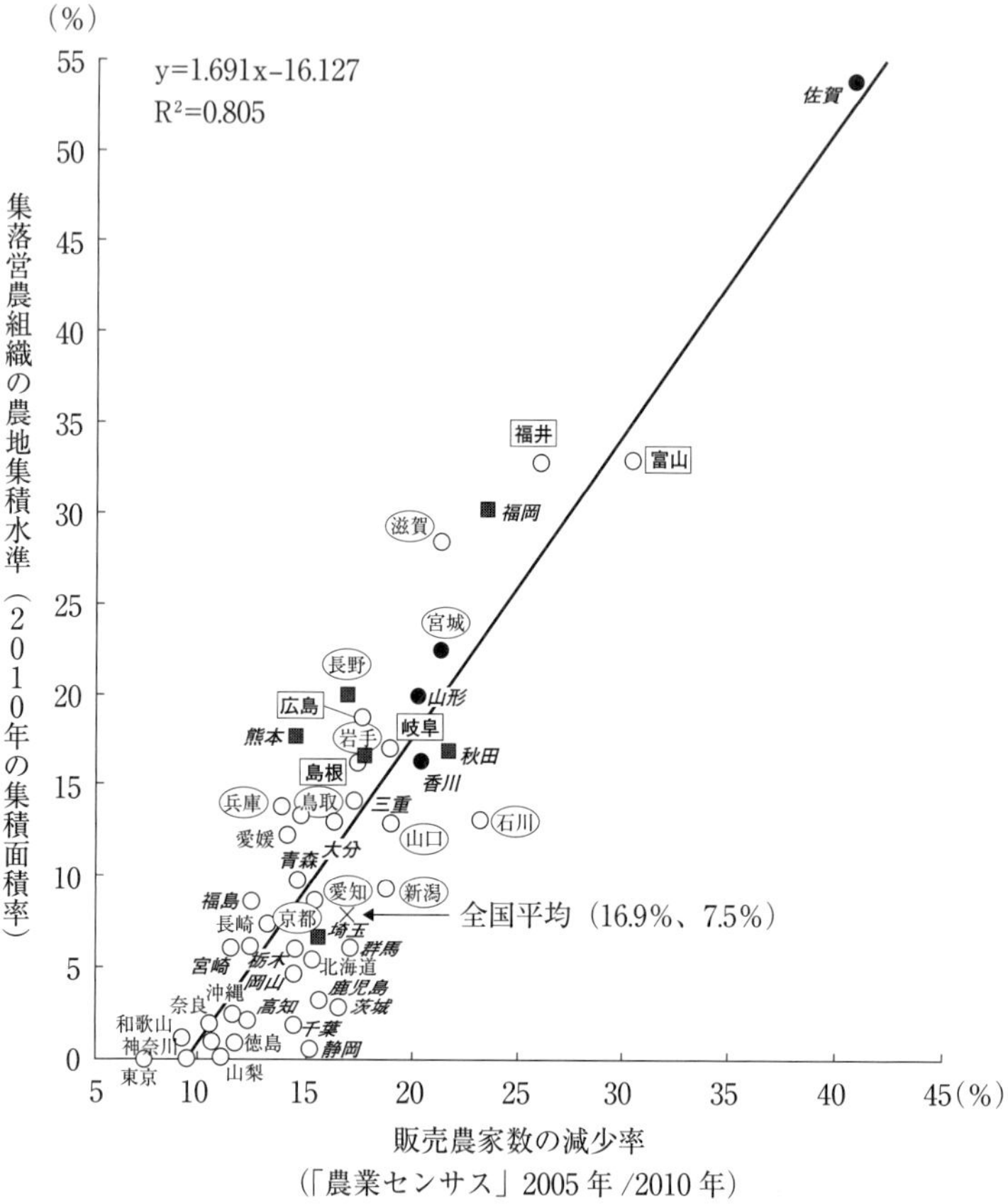

図3-4　集落営農組織の農地集積水準と販売農家数減少との関係

資料：「集落営農実態調査結果」(2005年、2010年)、「耕地及び作付面積統計」(2005年、2010年)、「農業センサス」(2010年)。

注：1. 集積面積率は、集落営農組織の集積面積を耕地面積（耕地及び作付面積統計）で除して求めた。

2. ●は2005年から集積率が10ポイント以上アップした県を、■は同5～10ポイントアップした県を示す。

3. 図3-3による「組織対応型」の県名を□で、「組織・個別農家分担型」を○で囲み、「個別農家対応型」の県名を斜字で示した。

はともに3割強を超えているが、販売農家数の減少も顕著で、それぞれ減少率が30・3％、26・0％と高い。また、「組織・個別農家分担型」の滋賀県でも集落営農組織の農地集積と販売農家数の減少が同時進行している。

これらの県は、総じて畜産や園芸作等に取り組む販売農家が少なく、稲作を中心とする県であることから、水田農業（米および転作作物）にかかわる集落営農組織に参加する農家の多くが、土地持ち非農家もしくは自給的農家となってしまったために販売農家数が激減したと推察される。

6　おわりに

本稿では、転換期にあるわが国農業の構造変化の態様とその地域性を、農地の所有と利用構造に限定して検討した。最後に、これら分析から明らかになった、近年における農地の所有と利用にかかわる注目すべき動きは、以下のように要約できる。

第一は、これまで農地の主要な出し手であった土地持ち非農家に加えて、その数が増加した自給的農家からの農地の貸付が急増する一方で、２００５年以降やや減少したとはいえ、圃場条件が総じて悪く、高齢化の進行等により農地の受け手が少ない東山、山陽、四国等の地域ブロックでは耕作放棄も同時に起こっている。

第二は、水田農業において、個別大規模農家に代わって、集落営農組織を中心とする農家以外の農業事業体が新たな農地の受け手となっている地域が広がっており、北陸から山陽にかけての西日本の地域ブロックでは、新たに借地に出された農地の過半をこれら事業体が引き受けるようになっている。

第三は、大規模個別農家がある程度存在している県や集落営農の組織化が進んでいる県において、これら「中心的な担い手」層への農地集積が着実に進んでおり、「組織対応型」「個別農家対応型」「組織・個別農家分担型」という異なる態様での水田農業の担い手形成が図られている。

第四は、これら担い手形成の動きが、2005年以降大きく変化している県が出現しており、地域の農業構造がこれまでになく動き始めている。

以上本稿では、データの制約から主に2005年農業センサスまでを対象とした分析とならざるを得なかったが、2007年度から「水田・畑作経営所得安定対策」が始まり、各地で多くの集落営農組織が設立されたことにより、とりわけ水田農業をめぐる構造は地域性をともなってさらに大きく変化していると推察された。わが国の農業構造を展望していくうえでは、農地の所有・利用構造の変化を的確にとらえていくことがきわめて重要であり、2010年農業センサスの詳細な結果が公表されるのを待って、2005年までにみられた水田農業をめぐる様々な構造変化の動きがどの程度加速したのか、あるいはまったく異なる新たな動きが起こっているのか、地域性を踏まえてしっかりと検証していく必要があろう。

【付記】

本稿は、2008年度日本農業法学会年次大会での報告「農地の所有・利用構造の変化とその地域性」（報告の一部は、「センサス分析からみる農地利用の新たな動きとその地域性」として『農業法研究』44に掲載）をもとに、都道府県別の分析結果や2010年農業センサス結果を加える等の大幅な加筆・修正を行なったものである。

注

（1）2010年農業センサスは、2011年3月末にその概要（確定値）の公表が行なわれたばかりであり、現段階では十分な構造分析を行なえるだけのデータが揃っていない。とりわけ、2005年農業センサスから調査体系や定義が大幅に変更されているため、2000年農業センサスまでの旧定義ベースの集計結果が必要となるが、これがほとんどない現状では、過去の農業センサス結果との時系列分析に大きな制約がある。

（2）農業センサスは経営の実態にもとづいて調査が行なわれている。農業サービス事業体は農作業の受託のみを行なう事業体（経営耕地を有さない）であるが、10a以上の借地（経営受託）を行なえば、たとえ作業受託がメインの事業であったとしても、統計定義上は農家以外の農業事業体として把握されることになる。

（3）農業センサスにおける耕作放棄地面積は、その定義が「以前耕地であったもので、過去1年間以上作物を栽培せず、しかもこの数年の間に再び耕作するはっきりした意志のない土地。耕作放棄地とするものは、多少手を加えれば耕地になる可能性があるもので、長期間にわたり放置し、現在、原野化しているような土地はここには含めない」とされているように、放棄されたままある程度の年数を経ると、耕作放棄地の面積から除外されていく。したがって、単純に二つの時点の増減面積や増減率をもって、この間の耕作放棄の動向を比較できない点に留意する必要がある。

（4）このことについては、拙稿「1990年以降の農業構造変動の特徴とその地域性―農家の階層移動と農地利用の変化を中心に―」（『土地と農業』№40、全国農地保有合理化協会、2010年3月）の57～58ページを参照されたい。

（5）表3－3にも示したが、2010年の耕作放棄地面積（総農家＋土地持ち非農家）は39・6万haであり、2005年から1万haの増加（増加率2.6％）にとどまっている。また、05―10年間の農業経営体の経営耕地面積減少率はわずか1.6％にすぎず（00―05年間は6％強の減少）、借入耕地面積の増加率が29・0％にまで上昇している（同約17％の増加）。このことから、2005年以降、自ら耕作できなくなった農家の農地の多くが、大規模個別農家や集落営農組織等の組織経営体に集積されたと考えられる。

（6）2005年農業センサスから、自給的農家についても土地持ち非農家と同じように調査客体候補者名簿からの集計に変更された。このため、農地利用に関するデータ（経営耕地面積、貸付耕地面積、耕作放棄地等）は、田畑別に把握されていない。したがって、田面積に限定した分析には自給的農家、土地持ち非農家を加えることはできず、販売農家、農家以外の農業事業体、農業サービス事業体の3者のデータを用いた分析とならざるを得ない。

（7）00―05年間に増加した「水田農業にかかわる販売目的の農家以外の農業事業体」の多くが集落営農組織と判断される理由については、拙稿「日本農業・農村の新たな構造変化―2005年農業センサスの分析——」（『農林水産政策研究』No.14、２００８年３月）の12ページおよび19ページの分析結果を参照されたい。

第4章　農地保有の変容と耕作放棄地・不在地主問題

1　はじめに

耕作放棄地の増加が止まらない。2010年農業センサスでは前回と比べて伸びは鈍ったが、依然として40万haの農地が耕作放棄されている。この背景には土地持ち非農家の増加、さらには不在地主の増加という農地保有構造の変容があり、それが農地の有効利用を妨げる結果となっている。事実、農家と比べて土地持ち非農家のほうが耕作放棄地を抱えている割合が高い。こうした農地をいかにして担い手農家に繋ぐかが問われている。そのため2009年にこの方向に沿う形で遊休農地対策を拡充するべく不在地主対策も射程に収めた農地制度の改正が行なわれた。未利用者から利用希望者へ農地という資源の移転を円滑に図れば、また、それを妨げている規制を緩和・撤廃すれば問題は解決するというのが農業・農村の外部の観察者の視点だが、事態はそう単純ではない。耕作放棄地発生の最大の要因が農業労働力の高齢化と担い手不足である以上、制度改正による対応には限界があるからである。耕作放棄地は農地流動化の促進さえ図られれば解消されるようなものではなくなっている。担い手への農地集積という「王道」を否定するものではないが、農業・農村の現状を鑑みれば地域振興・地域再生と一体化した形で耕作放棄地の再生を図るほうが有効であり、可能性に富んでいるのではないだろうか。

本章ではこうした視点に立ち、耕作放棄地の発生状況とその要因、状況の悪化に拍車をかける不在地主の影響などを概観した後、今回の農地制度改正が有する意義と限界を把握したうえで、この問題に対する地域の具体的な取組み事例から今後の耕作放棄地解消・地域再生の方向を展望したいと思う。

2　耕作放棄地の発生状況と要因

耕作放棄地率の推移を示した表4－1からわかるように、その値は一定程度の地域差を持ちながら年々増加を続けている。北海道は現在も2％にとどまっており、耕作放棄地はそれほど大きな問題とはなっていない。一方、農業地域類型別にみると、耕作条件に恵まれている平地農業地域は比較的低い値となっているのに対し、農地に転用圧力がかかっている都市的地域と担い手不足が深刻な中山間

表4-1　耕作放棄地率の推移　（単位：%）

	1985年	1990年	1995年	2000年	2005年
全　国	2.8	4.7	5.6	8.1	9.7
北海道	2.2	1.0	1.3	1.5	2.0
都府県	2.9	5.8	6.9	10.2	12.2
都市的地域	－	－	7.0	10.3	12.7
平地農業地域	－	－	3.3	4.6	5.6
中山間地域	－	－	7.7	11.1	13.1
中間農業地域	－	－	7.5	10.7	12.6
山間農業地域	－	－	8.4	12.4	14.6

資料：「農業センサス」。
注：耕作放棄地率＝耕作放棄地面積／(経営耕地面積＋耕作放棄地面積)。
1985年と1990年は農業地域類型別のデータがない。

表4-2　土地持ち非農家の耕作放棄地の推移

	1985年	1990年	1995年	2000年	2005年
所有面積（ha）	134,364	220,677	302,220	340,593	436,365
世帯数	371,380	690,336	798,824	903,782	979,300
耕作放棄地面積（ha）	38,063	66,130	82,543	132,770	162,419
耕作放棄世帯数	178,498	286,789	327,953	517,605	553,965
耕作放棄地率（%）	28.3	30.0	27.3	39.0	37.2
耕作放棄世帯率（%）	48.1	41.5	41.1	57.3	56.6

資料：「農業センサス」。

地域では10%を超えており、特に山間農業地域は14・6%と農地の7分の1が荒れている勘定となっており、問題の深刻さがうかがえる。

この耕作放棄地は土地持ち非農家の増加という農地保有構造の変化によって引き起こされている面もある。表4－2は土地持ち非農家に注目して耕作放棄地の発生状況をみたものだが、土地持ち非農家の56・6%、6割近くが耕作放棄地を有しており、所有面積に占める耕作放棄地面積の割合も37・２％と４割近くに及んでいる。この数字は、離農・脱農が進んでいるが、その農地が円滑かつ有効に担い手に引き継がれていないという事態を示している。それゆえ、農地の流動化の促進が耕作放棄地対策の「王道」として位置づけられるのはうなずけるところであるし、この方向に沿う形で農地制度改正が行なわれたのであろう。

それでは耕作放棄地の発生要因は何か。全国の農業委員会を対象に耕作放棄地の発生要因を尋ねた全国農業会議所「遊休農地の実態と今後の活用に関する調査」（１９９８年）によれば、最大の理由は「高齢化・労働力不足」で86・０％、以下、「土地条件が悪い」47・３％、「道路条件等が悪く通作不便」33・９％、「鳥獣害の被害が多い」9.4％と続く。ここでも地域差があり、「土地条件が悪い」は中間農業地域59・９％、山間農業地域60・２％と高くなっており、そもそも生産基盤が劣弱であることが耕作放棄地の発生に繋がっていることが読み取れる。こうした状況は鳥獣害の被害を呼び込むという負の連鎖をもたらしており、「鳥獣害の被害が多い」と回答した割合は、都市的地域3.6％、平地農業地域1.8％に対し、中間農業地域は11・１％、山間農業地域に至っては27・１％と４分の１を超えている。

その後、高齢化・担い手不足はさらに深刻になっている。それから４年後に行なわれた、同じく全国農業会議所による「地域における担い手・農地利用・遊休農地の実態と農地の利用集積等についての農業委員調査結果」（２００２年）を示した図４－１によれば、「高齢化・労働力不足」が88・０％と前回調査よりもはるかに大きな数字となっていることに加えて、「価格の低迷」43・４％、「農地の

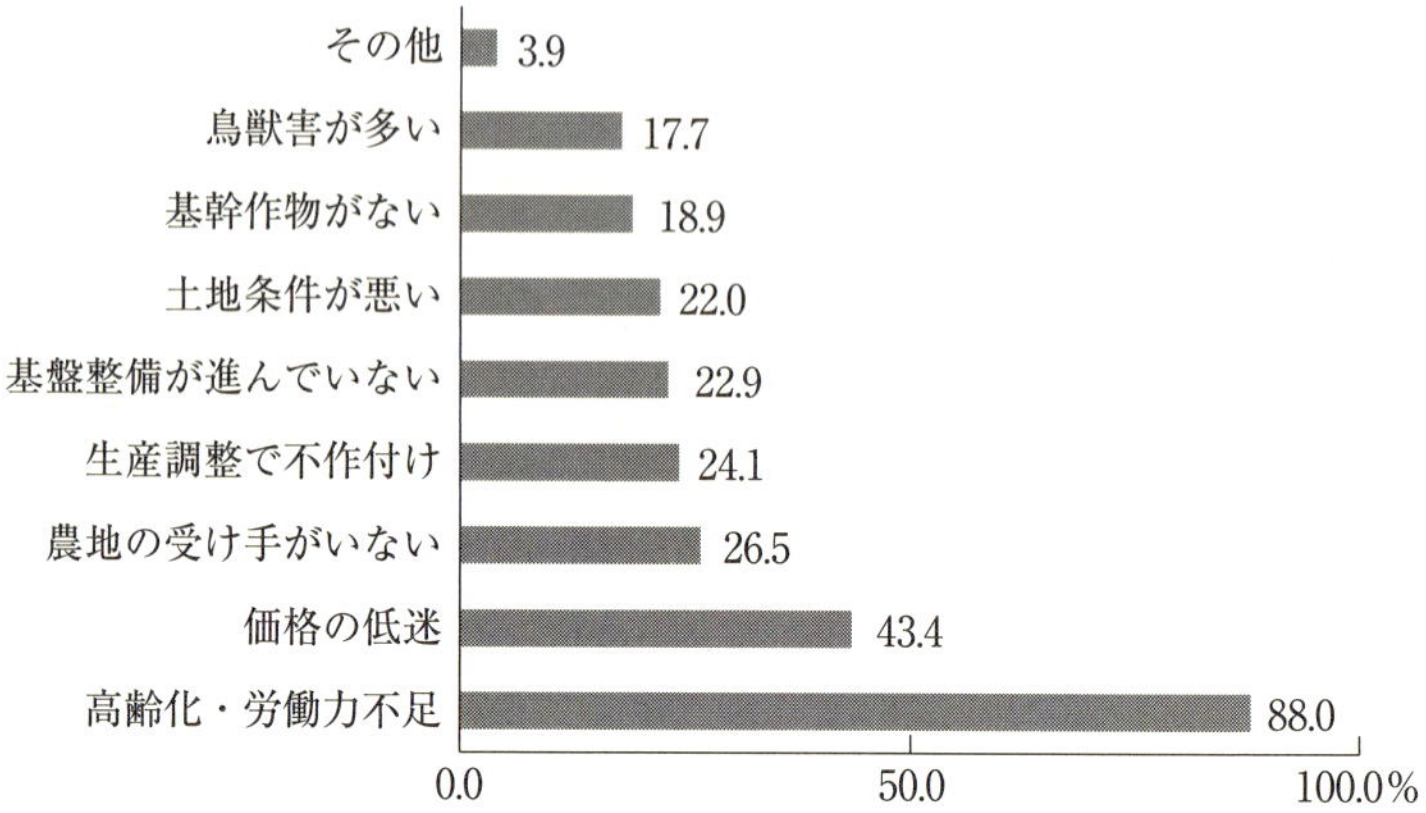

図 4-1　耕作放棄地の発生要因

資料：全国農業会議所「地域における担い手・農地利用・遊休農地の実態と農地の利用集積等についての農業委員調査結果」2002 年。

受け手がいない」26・5%など、農業情勢の悪化によって耕作意欲が減退し、農地を繋ごうにも肝心の担い手が見つからない状況が広がっていることが推測されるのである。事実、農林水産省「担い手への農地利用集積に関する実態調査結果」(2004年)も担い手への農地集積が進まない理由で最も多いのは「農業所得が不安定」61%、次いで「農産物の価格が不安定」48%となっている。経営環境の悪化が農地需要の縮小となり、耕作放棄地の増加をもたらしているのである。この農地の需給ギャップを解消するのは容易なことではなく、担い手への農地集積による耕作放棄地解消には自ずと限界がある。

耕作放棄地の発生要因にも地域差がある。表4-3からわかるように、どの農業地域も最も大きな理由は「高齢化と後継者不在による労働力不足」だが、都市的地域では「相続による農地分散」(8.7%)が、平地農業地域では「圃場整備がされておらず土

表４−３　地域別にみた耕作放棄地の発生要因　（単位：％）

	圃場整備がされておらず土地条件が悪い	高齢化と後継者不在による労働力不足	道路条件が悪く通作に不便	離農	鳥獣害にあいやすい等生産性が低い	農地の受け手がいない	生産調整や園地転換を契機に荒れた	土地の買占め	相続による農地の分散	その他
全　国	9.8	45.0	2.7	6.5	12.8	11.4	4.2	0.6	2.9	4.0
都市的地域	9.5	47.7	2.3	7.7	5.7	11.8	3.4	0.7	8.7	2.6
平地農業地域	13.3	42.0	4.6	6.8	6.3	10.7	7.5	1.5	3.2	4.1
中間農業地域	9.6	44.1	3.1	7.0	13.8	12.0	4.8	0.4	1.1	4.2
山間農業地域	8.4	45.7	1.6	4.7	21.6	10.7	2.1	0.1	0.3	4.7

資料：農政調査委員会「農業振興地域・農地制度等の実態把握および効果分析に関する調査」2004年。

地条件が悪い」（13・3％）が、中間農業地域と山間農業地域では「鳥獣害にあいやすい等生産性が低い」（13・8％と21・6％）が相対的に高くなっている。都市的地域では高地価のもとで分割相続が多発し、それが農地の遊休化をもたらしていること[1]、大規模経営が展開している平地農業地域では条件の悪い未整備農地は嫌われて荒れる傾向にあること、中山間地域では「耕作放棄地の増加→鳥獣害被害の増加→営農意欲の減退→耕作放棄地の増加→……」という悪循環とともに農地荒廃が進行していることが推察されるのである。そして、こうした事態に拍車をかけているのが次にみる不在地主の増加である。

なお、センサスの耕作放棄地については統計の性格に問題があり、実際の面積はこれよりも大きいと推測される[2]。しかし、２００８年に実施された「耕作放棄地全体調査」によれば、その面積は28万４０００haとセンサスの数字38万６０００haと10万ha前後の違いがある。この調査は森林化・原野化した農地は含む一方、不作付地を含んでいないため、このような違いが生じているというのが農水省の説明だが、こちらを現地調査に基づく数字として額面どおり受け取れば、農村の現場で実際に問題視されている耕作放棄地は場合によるとセンサスの数字よりも小さい可能性がある。いずれにしても耕作放棄地の統計上の取り扱いについては注意を要する。

3　不在地主の増加とそれがもたらす問題

耕作放棄されている農地の所有者に連絡をとって耕作をお願いして復旧を図っていったとしても、どうしても最後まで残ってしまうのが不在地主である。この不在地主が所有する農地や所有者の確定が困難な農地については、後述するように今回の農地制度改正で一定程度対応がとれるようになったが、実際に対処するのは容易なことではない。ここでは不在地主の発生状況とそれが引き起こしている問題を簡単にみることにする。

筆者も参加した日本農業土木総合研究所「農用地等有効利用推進調査」(2004年)によれば、不在地主所有農地のうち19・6%が耕作放棄されており、畑(25・0%)と樹園地(43・8%)でその割合が高いという結果が出ている。樹園地の耕作放棄は手がつけようがない状況にある。こうした不在地主が所有する農地が問題を引き起こしているかという問いに対しては2547市町村中952市町村、37・4%と4割近くが「問題を引き起こしている」と回答している。「問題を引き起こして

表4-4　不在地主が引き起こしている問題

（単位：%）

	ゴミ等の不法投棄の対象になる	病害虫の温床となって周囲に迷惑をかけてしまっている	用排水路の維持管理に支障をきたしている	相続登記がされていないので交渉相手の確定ができない	居住地が離れているため事務手続き等が煩雑となる
都市的地域	55.7	79.5	34.8	20.5	21.0
平地農業地域	38.4	66.8	33.2	29.9	22.7
中間農業地域	38.7	71.7	40.5	34.4	36.7
山間農業地域	25.4	61.1	35.1	38.9	36.8
計	39.8	70.3	36.6	31.2	30.1

資料：日本農業土木総合研究所「農用地等有効利用推進調査報告書」2004年。
注：不在地主を問題としている952市町村の回答（複数回答）の割合である。

いる」と回答した市町村のその具体的な状況を農業地域類型別に示したのが表4－4である。最も多いのが「病害虫の温床となっている」で6～7割の市町村で問題となっている。「ゴミの不法投棄」も多いが、これは都市的地域でより大きな問題となっている。また、3分の1以上の市町村で「用排水路の維持管理に支障をきたしている」状況にある。「相続登記がされていないので交渉相手の確定ができない」「居住地が離れているため事務手続き等が煩雑となる」も30％以上で、特に、相続人が他出している中山間地域でその割合が高い点が注目される。不在地主の増加は農地利用調整の取引コストを高め、ただでさえ動かない農地が完全に暗礁に乗り上げてしまう状況をもたらしているといってよい。不在地主の増加は「農地所有権の空洞化」(3)を加速化し、彼らが所有する農地は周囲に外部不経済をばらまくだけの完全なお荷物となっているのである。

この点を全国農業会議所「相続農地管理状態実態調

表4-5　不在地主所有農地に利用権設定ができなかった理由

	不在地主の住所等が不明のため連絡がとれなかった	相続登記されておらず権利関係者が多数で同意が得られなかった	連絡をとることができたが不在地主の同意を得られなかった	計
回答農業委員会数	158	168	100	311
回答割合（%）	50.8	54.0	32.2	29.9

資料：全国農業会議所「平成18年度相続農地管理状態実態調査報告書」。
注：不在地主のため利用権設定ができなかった311農業委員会の回答（複数回答）である。

査」（2006年）の結果から確認しておこう。[4] 不在地主の存在で利用権設定ができなかったとする農業委員会は1397中311、22・3%と5分の1にのぼる。利用権設定できなかった理由は表4－5にみるように、「相続登記がされていないため権利関係者が多数で同意が得られなかった」が54・0%、「不在村農地所有者の住所等が不明で連絡をとることができなかった」が50・8%と、この二つが圧倒的に多い。不在地主に連絡を取りつけるためのコストはかなり高く、改正した農地制度を機能させるだけの予算措置が伴わなければ、何ら効力を発揮しえないのである。また、「連絡をとることができたが不在村農地所有者の同意を得ることができなかった」とする回答が32・2%と3分の1近くにのぼっていることから、農地所有者の意識を変えられない限り、問題解決には至らないように思われる。そして、農業委員会は今後こうした不在地主が増えると予想しているのである（86・2%の農業委員会が「増えると思う」と回答）。

最後に不在地主が発生する経路だが、これは容易に推測されるように「在村者の死亡に伴う相続により既に他出していた子どもが不在村農地所有者となる」が81・5%と圧倒的に多い。現在の高齢一世代農家が次々と消滅していくに従い、不在地主が増加し、地元社会との関係を失った、糸の切れた凧のような農地が増加していくことが予想されるのである。また、「遺産分割に伴う農地の分割によって不在村農地所有者が発生する（後継ぎ以外への相続）」という回答を寄せた農業委員会も1割以上（13・8%）あり、都市近郊では相続による農地分割によって転用期待しか持たない零細な農地所有者が増加し、耕作放棄地発生の潜在的可能性が高まっているとみてよい。

農地保有構造の変化、特に不在地主の増加は増殖する癌細胞のようなものであり、最終的には手の打ちようのない状態をもたらし、農地制度を機能不全に追い込んでしまう危険性を有しているのである。

4　耕作放棄地・不在地主対策の枠組み
――農地制度改正を受けて

今回の農地制度改正はこうした問題に対処する枠組みを提供するものとして評価することができるだろう。耕作放棄地対策は、農業経営基盤強化促進法の遊休農地対策が農地法に移されるとともに、図4－2にあるようなかたちで体系化された。農地の利用状況調査の実施が義務づけられ、その調査結果に基づいて遊休農地解消のための指導を行ない、耕作放棄地の所有者に今後の具体的な農地利用計画を提出させ、それでも不十分な場合は勧告を出し、最終的には所有権移転の協議、さらには都道

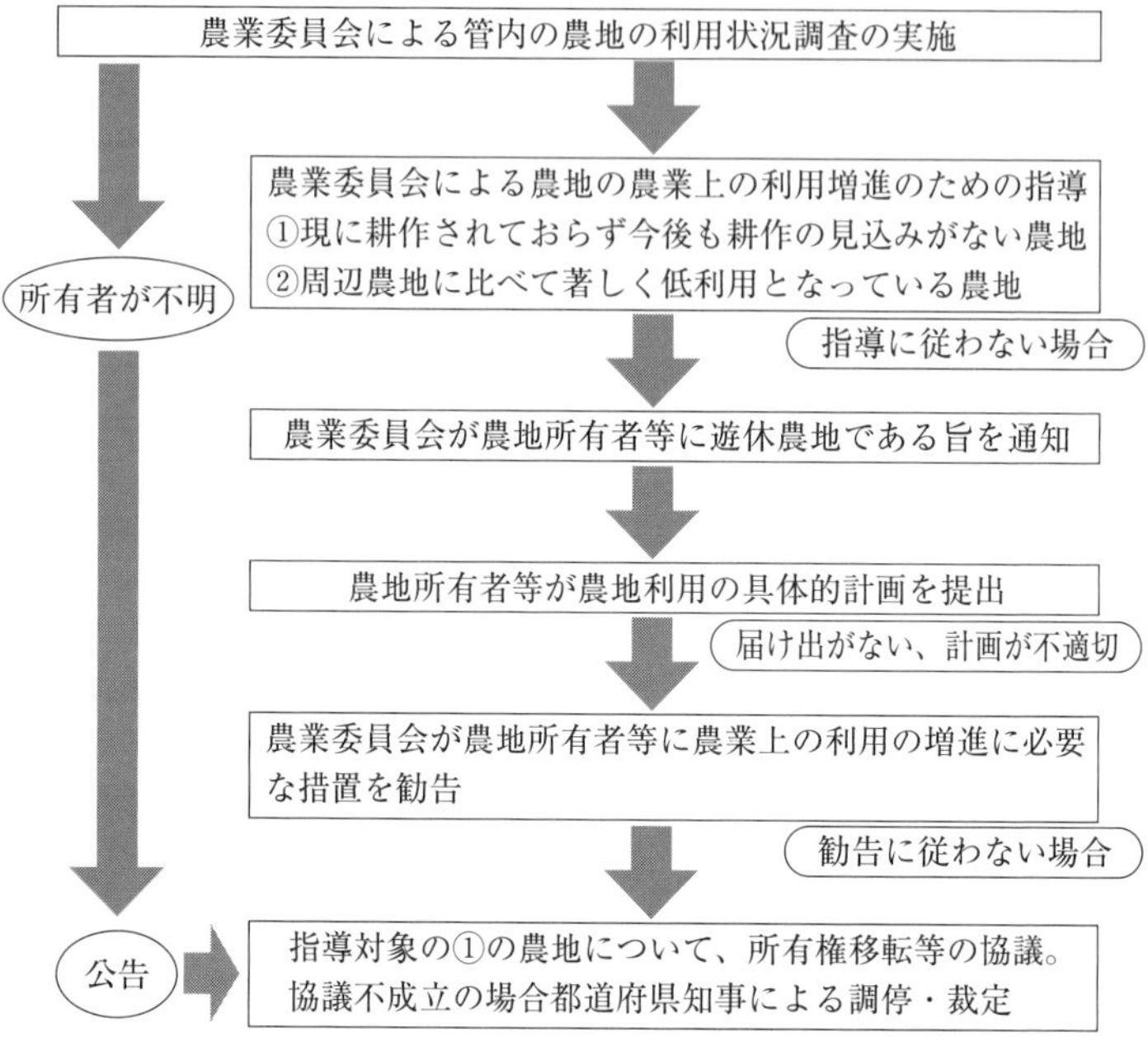

農業委員会による管内の農地の利用状況調査の実施
農業委員会による農地の農業上の利用増進のための指導
①現に耕作されておらず今後も耕作の見込みがない農地
②周辺農地に比べて著しく低利用となっている農地
所有者が不明
指導に従わない場合
農業委員会が農地所有者等に遊休農地である旨を通知
農地所有者等が農地利用の具体的計画を提出
届け出がない、計画が不適切
農業委員会が農地所有者等に農業上の利用の増進に必要な措置を勧告
勧告に従わない場合
公告
指導対象の①の農地について、所有権移転等の協議。
協議不成立の場合都道府県知事による調停・裁定

図4-2　耕作放棄地対策のフローチャート

府県知事による調停・裁定が行なわれることになった。いずれも私有財産権の侵害とならないよう、手順を尽くしたうえで、最後は知事による調停・裁定まで持っていく堅実な仕組みである。

　不在地主対策については、これまで相続による権利移転は農地法の統制外とされていたが、相続で農地所有者となった場合も農業委員会への届出が義務づけられ、不在地主を把握するための「網」が被せられるようになった。この措置が順調に機能すれば不在地主の連絡先の把握が容易になり、農地利用調整に関わる取引コストを引き下げ、耕作放棄地が発生する可

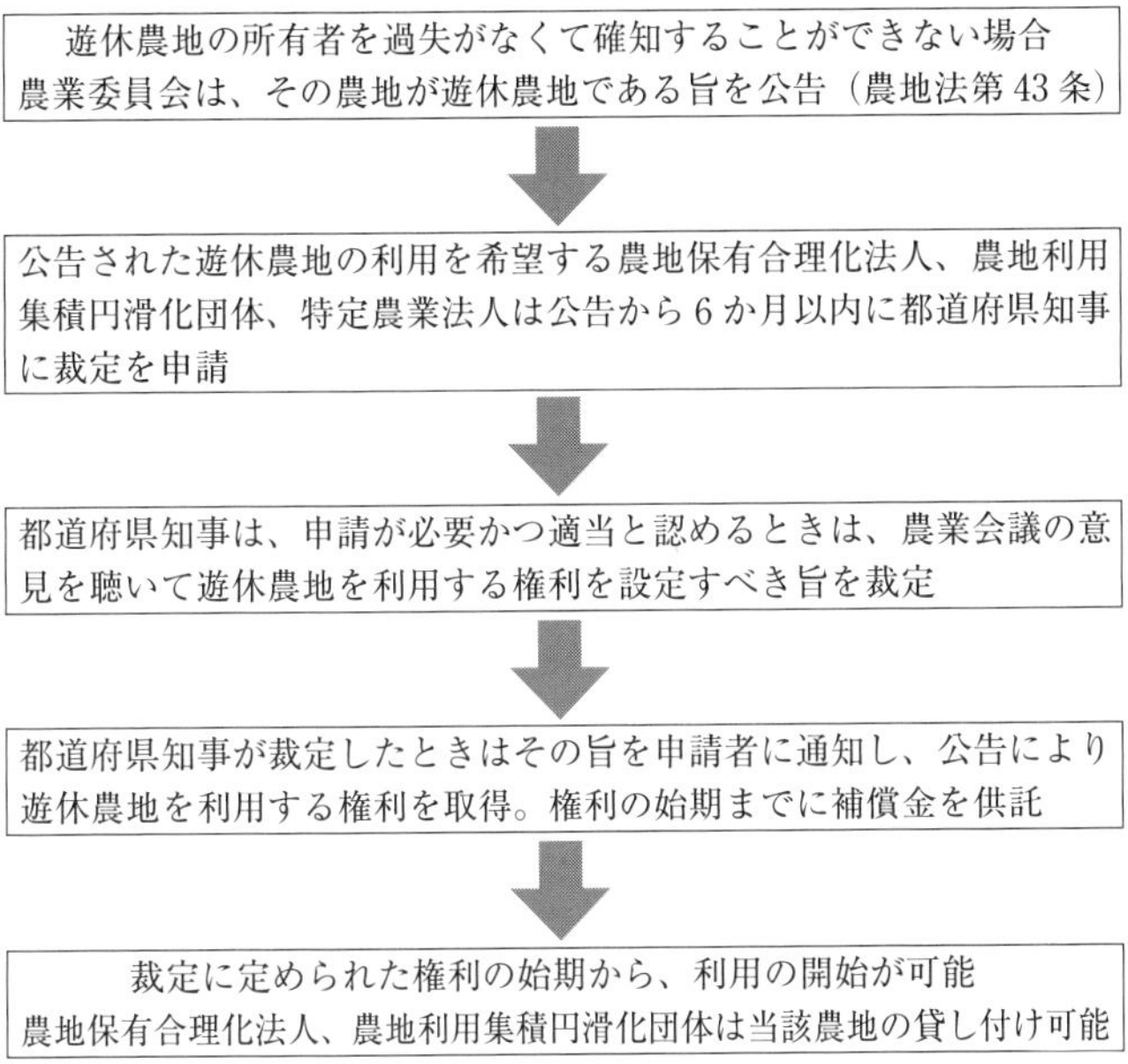
遊休農地の所有者を過失がなくて確知することができない場合
農業委員会は、その農地が遊休農地である旨を公告（農地法第43条）
公告された遊休農地の利用を希望する農地保有合理化法人、農地利用集積円滑化団体、特定農業法人は公告から6か月以内に都道府県知事に裁定を申請
都道府県知事は、申請が必要かつ適当と認めるときは、農業会議の意見を聴いて遊休農地を利用する権利を設定すべき旨を裁定
都道府県知事が裁定したときはその旨を申請者に通知し、公告により遊休農地を利用する権利を取得。権利の始期までに補償金を供託
裁定に定められた権利の始期から、利用の開始が可能
農地保有合理化法人、農地利用集積円滑化団体は当該農地の貸し付け可能

図4-3　所有者不明の遊休農地に対する措置

能性を減じることが期待される。また、今回の制度改正に先駆けて行なわれた農業経営基盤強化促進法の改正によって、耕作放棄地が周囲に被害を及ぼしているような場合は、その復旧・解消のための作業を市町村が代わりに執行できるようになっていたが、所有者の所在が判明せず、相続登記がされないまま放置されているような農地については新たに図4-3のような対策が講じられることになった。所有者が不明であっても農業委員会はその農地が遊休農地である旨を公告し、当該農地の耕作を希望する農地利用集積円滑化団体等から都道府県知事に裁定が申請された場合は、補償金を供託すること

で遊休農地の利用が認められるというのがその仕組みである。さらに、所有者が不明であっても2分の1以上の持分を有する者の同意があれば利用権設定が行なえるようにもなっている。

以上のように農地制度改正によって耕作放棄地対策、不在地主対策はかなり充実したものとなった。だが、こうした仕組みにも限界がある。農業委員会は耕作放棄地解消のために主体的に取り組まなくてはならなくなり、かなり強い権限が付与されたと考えてよいが、実際にそれを行使するとなると、解除条件付き賃貸借契約の契約解除や許可取り消しと同様、その前には行政訴訟の危険性という高いハードルが待ち構えているからである。事実、制度改正以前の遊休農地に関する措置の実績をみると、「農業委員会による指導」は2002年8057件、1164ha、2003年9030件、1376ha、2004年9620件、1609ha、2005年1万1163件、1495ha、2006年1万1190件、2143ha、2007年1万2432件、2263haと幸か不幸か件数、面積とも順調に増加しているが、その後に控えている「市町村長の通知」「市町村長の勧告」「買い入れ等の協議」「農地保有合理化法人による買い入れ」「知事による勧告」「知事による特定利用権の設定」「市町村長による命令措置」「市町村長による代執行」は1件たりとも発動されないまま現在に至っている。「農業委員会による指導」だけで全ての問題が解決しているとは考えられないとすれば、「指導」から先に踏み出すハードルは法制度を運用する現場からすると相当高いものがあると読むのが妥当ではないか。

また、再び全国農業会議所「相続農地管理状態実態調査」（2006年）によれば、不在地主が所

表4-6　行政代執行ができない理由

	代執行をする人手がいない	代執行したとしても不在村農地所有者から費用を徴収できない	代執行にかかる費用負担ができない	財産権の侵害にあたる可能性が否定できないので踏み切れない	その他	不明・無回答	計
回答農委数	482	590	626	432	114	9	1,116
回答比率(%)	43.2	52.9	56.1	38.7	10.2	0.8	100.0

資料：全国農業会議所「平成18年度相続農地管理状態実態調査報告書」。

有している耕作放棄地に対する行政代執行の可能性について「可能性はある」と答えた農業委員会は245委員会、17・6%にとどまっており、「可能性はない」とした農業委員会のほうが圧倒的に多い（1116委員会、79・9%。このほか不明・無回答が35委員会、2.5%ある）。そして、「可能性はない」とした農業委員会にその理由をたずねたところ、表4-6にあるように「代執行にかかる費用が負担できない」（56・1%）、「代執行しても不在村農地所有者から費用を徴収できない」（52・9%）、「代執行する人手がいない」（43・2%）とする回答が多く、制度を整えたとしてもそれを機能させるだけの予算的裏づけがなければ実効性は持ちえないことが端的にあらわれている。「財産権の侵害にあたる可能性が否定できないので踏み切れない」が38・7%と4割近くを占めている点からも、制度改正による規制強化は十分な内実を持ちえないことが推察されるのである。

いずれにしても今回の農地制度改正は耕作放棄地対策、不在地主対策とも、与えられた状況のもとで「尽くすべき手は尽くした」ものとして評価することができる。問題はこれが機能するかどうかだが、そもそも農地の受け手が不足している以上、「取り締まり」を強化して「警察行政」を敷いたとしても、残念ながら効果は期待できない。求められているのは厳格な規制ではなく、解除条件付き賃貸借契約を適切に運用するための「周辺地域との調和要件」(5)を内実のあるものとする地域の規範づくりであり、農地所有者の意識に働きかけ、それを変えていくような具体的な運動であり、取組みだと思われる。そういう意味では耕作放棄地対策、不在地主対策は担い手への農地集積という構造政策の枠内ではなく、地域活性化・地域振興のための取組みの一環として位置づけられるべきだということになるかもしれない。

5 耕作放棄地対策・不在地主対策の実際

耕作放棄地対策と不在地主対策は実際には一体的に取り組まれているところが多いし、そのほうが効果的である。ここではそうした事例をいくつか紹介したい。対策のポイントは地域の規範づくりと記したが、まったくの草の根からの取組みを積み上げていくのは容易ではないこと、農地制度改正によって農業委員会が主体的に取り組む方向が打ち出されていることから、事例はいずれも農業委員会によるものとなった点、予めお断りしておきたい。

（1）沖縄県宮古島市農業委員会
――不在地主へアンケートを郵送、島外説明会を開催

農地所有者の意識への働きかけが、耕作放棄地対策としても不在地主対策としても重要であることは前述したとおりだが、それを忠実に実施するべく、沖縄本島だけでなく本土でも不在地主を対象とした説明会を開催しているのが宮古島市農業委員会である。この説明会は２００１年に旧平良市が始めたものであり、すでに10年近くの実績がある。宮古島市は担い手農家が分厚く存在しているため、不在地主対策の実践によって農地は担い手に円滑に繋がれ、利用集積計画の実績の向上となってあらわれている。

また、不在地主へ農地利用の意向について郵送アンケートを行なっているが、これが効力を発揮しており、農業委員会には連日のように問い合わせがきているとのことであった。ただし、２００９年は２７３６人の不在地主全員にアンケートを郵送したが、かなりの件数が転居先不明で戻ってきてしまったため、この不明人の追跡調査を今後行なっていきたいとしており、「そのため法務局に登記簿謄本の閲覧のお願いをした。戸籍謄本も洗い直す必要がある。また、集落の農業委員に頼んで農地の状況も調べてもらう。親戚が耕作している場合はそこから所有者を辿っていくことになる。農家台帳が古くなっているのでその更新を図るため、現在農業委員に依頼して世帯調査を行なっている。不在地主は前の住所のあった役場に問い合わせると現住所が判明することが多い。子どもがいると転出し

た先の学校に届出をしなくてはならないため住所を突き止めることができる」と話していた。

宮古島市では、①税務課や住民課との連携を密にとり、不在地主の所在地を洗い出すこと（農家台帳の整備・更新の徹底）、②不在地主にアンケート調査を送ることで所有者としての自覚を促すこと、③不在地主からの連絡を受けられるような体制を整えておくこと（相談員の設置）、④不在地主を対象とした説明会を開催すること、という不在地主が所有する農地管理のためのポイントが着実に実践されており、注目される。

(2) 長野県上田市農業委員会
――農地相談会を開催、親戚を通じて不在地主へ働きかけ

長野県上田市農業委員会は国の指示がある以前、2006年度から3か年にわたって遊休荒廃農地調査を実施し、荒廃地を「8年未満の荒廃地」「8年以上の荒廃地」「既に山林化している農地」の3種類に区分して実態を把握している。把握した遊休農地の一部について地権者の意向調査を行なっている点、「農地貸借相談会」「休日農地相談会（農地何でも相談会）」を実施している点などが注目される。市内9会場で行なわれる「休日農地相談会」は広報や回覧板などで市民への呼びかけが行なわれており、2008年度には93件の相談が寄せられるなど、反響は大きい。また、農振農用地区域内の耕作放棄地を重点的に解消する方針だが、地権者の意向調査の結果、土地持ち非農家からは「農地の現況や場所が分からない」「売買も貸借も望まない」という回答があったため、農業委員会が直接

働きかけるのではなく、「概ね従兄弟までの親族が地元にいる場合は、その親族を通して所有者への協力を呼び掛ける」予定である。

上田市の場合、遊休荒廃農地の調査・把握を第一とし、その過程で地権者の意向調査を行なった結果、不在地主が所有する農地の管理が新たな問題として登場してきたという順序である。不在地主といっても比較的近隣に居住しているケースが多いため、「農地貸借相談会」「休日農地相談会（農地何でも相談会）」の開催に人が集まっているという点が強みである。こうした相談会の開催と広報や回覧板を通じた地域社会全体に対する働きかけは、耕作放棄地を解消するための「地権者の個別撃破」を超えて、「農地は適正に利用しなくてはならない」「遊休荒廃農地は周囲に迷惑をかけている」という社会規範の醸成に繋がっていくことが期待される。また、不在地主への働きかけに地元に残っている親族の力を借りるというのも重要なポイントのようだ。

以上の二つはアンケートの送付、相談会の開催などにより土地持ち非農家、不在地主など農地所有者の意識に直接働きかけを行なうだけでなく、農業委員会だけではどうしても限界があるので、それを親戚関係など社会的なネットワークを活用して補いながら、農地を守る地域の規範づくりに取り組む事例としてとらえることができる。農業委員会にこだわる必要はないが、農地に関する情報が最も集積されている組織である以上、そこを活用しない手はない。ここをベースキャンプとしながら、地域にいかにして主体性をもたせ、規範を生きたものとするかが問われているのである。

耕作放棄地解消の「王道」は担い手への農地集積だが、その条件が常に満たされるとは限らない。それどころか担い手が不在の地域こそ、耕作放棄は深刻な問題なのである。そうした地域では構造再編と耕作放棄地解消を結びつけるのではなく、地域活性化を前面に据えた取組みのほうが有効ではないだろうか。最近の耕作放棄地解消の優良事例をみても、どちらかというとそうしたものが目立つ(6)。むしろ、その方が農地を守ろうという地域の規範が草の根として定着し、長い目で見れば、今後も増加が予想される土地持ち非農家や不在地主予備群の意識を変えることに繋がるのではないか。肩肘張らず、楽しく取り組むことを第一に考えた活動こそが重要であり、どれだけの面積の耕作放棄地が解消されたかという数値目標にとらわれることなく、自分たちが「やってみてよかった」と思えるような活動にしていくこと、成果はともかく取組み自体に価値があるという意識を持つことが求められているように思う。

このような取組みとして福島県相馬市の事例を紹介して本章を終えることにしたい。

相馬市が耕作放棄地対策に取り組むことになった直接の契機はその面積の急増であった。2000年には196haだった耕作放棄地は2005年には一気に518haと3倍近くに膨らんでしまったのである。これに対処するため農業委員会では2005年に即座に遊休農地専門委員会を立ち上げた。専門委員会は「すぐにできること」と「持続可能なこと」に分けて施策を検討。後者は高齢化と担い手不足対策だがすぐにはできないと判断し、対策を前者に絞った。そして、農業委員が遊休農地を直接解消するとともに、その姿をみてもらうことで地域にアピールしようと、2006年から農業委員

雨にも負けずに「一斉耕起」（2009 年 6 月 14 日、相馬市小野地区）

たくさんサツマイモが穫れました（2009 年 11 月 4 日、相馬市小野地区）

雨の中でのサツマイモの定植

楽しい収穫

による草刈りとトラクターでの耕耘「一斉耕起デモンストレーション」を実施した。この取組みは話題を呼び、他市町村から視察に訪れるまでになった。しかし2008年に中間評価を行なったところ、実際には一般市民にまで浸透せず、遊休農地を解消した後の利用方法まで考えていなかったため一部は元に戻ってしまっていた。そこで計画を練り直し、市民の参加を募るという方針に転換を図った。注目されるのはこの点である。小さな取組みが経験を積みながら発展を遂げる、いわば地域の成長を示す姿がそこにみられるからである。

その結果、「一斉耕起デモンストレーション」という看板はそのままだが、収穫の喜びを実感できるよう作物を作付け、借り手発掘の手がかりを得るべく市民参加型のイベント性を持たせ、草刈り・耕耘に加えて親子連れの参加を募ってサツマイモの苗植え体験と収穫祭を実施。また、児童限定だがトラクターの乗車体験、食と農の交流会（終了後の親睦会）を行なうことになったのである。2007年は親子6組22人、2008年は親子9組31人、2010年は親子7組26人がそれぞれ参加している（写真）。さらに参加者を対象にアンケート調査を行なったところ、苗植えや収穫以外の作業も体験したいという意見もみられるなど市民は余暇を使った農作業体験に関心が高く、収穫祭をみていた地域の農業者からは農地を借りて耕したいという声が寄せられるなど、これまでと比べると1ステージ上の段階に着実に上昇していることが確認された。

子どもたちの心に播かれた種はいつの日か必ず実るだろう

耕作放棄地の解消面積自体は大きなものではないが、あきらめずにやれることから始め、その取組みをチェックし、もう一段上を目指そうとしている点、すぐには芽を出さないかもしれないが、子どもも巻き込むことで長期的な視点から種を播こうとしている点は、まさに数値目標にとらわれることなく、自分たちが「やってみてよかった」と思えるような活動であり、取組み自体に価値があるという意識を持つことに成功した事例であることを示している。これに続く地域が出てくることを期待したい。

【追記】

本章で紹介した福島県相馬市も海岸部を中心に東日本大震災で甚大な被害を受けた。被災された皆様に心からお見舞い申し上げますとともに、被災地の一日も早い復興を心よりお祈りいたします。

注

(1) その問題の実態については、安藤光義「都市近郊における農地相続問題―愛知県安城市の実態調査結果の分析―」『農業経済研究』第65巻第4号、1994年、199〜211ページを参照されたい。
(2) センサスの耕作放棄地がはらんでいる統計的問題については、小田切徳美「日本農業の変貌」同編『日本の農業―2005年農業センサス分析―』農林統計協会、2008年、16〜18ページを参照のこと。
(3)「農地所有の空洞化」は農地転用の性格の変化から析出される状況でもある。詳しくは、安藤光義「近年における農地転用の性格の変化」『農政調査時報』第553号、2005年、40〜53ページを参照されたい。
(4) この調査結果の詳細は、安藤光義「不在地主農地所有の管理実態に関する調査結果の概要」『農政調査時報』第558号、2007年、54〜66ページを参照されたい。

（５）「周辺地域との調和要件」についての詳細な検討は、原田純孝「改正農地制度の運用をめぐる法的論点」『農業法研究』45、２０１０年、69～84ページを参照のこと。

（６）『耕作放棄地活用ガイドブック』（『増刊　現代農業』２００９年11月号）などはその典型である。ここでは、都市住民を巻き込んでの荒地復旧の事例（愛媛県上島町）、ソバ栽培で遊休地解消と地域振興を目指す事例（長野県塩尻市・山麓亭）、荒廃みかん園を開墾した有機農業への取組み（長崎県波佐見町）といった豊富な事例が収録されている。また、『農村と都市を結ぶ』第６９７号、２００９年も、有機農業新規参入者が耕作放棄地解消に寄与している事例（栃木県茂木町）、大学の研究室が耕作放棄地解消活動を展開している事例（茨城県阿見町）など、そうしたタイプの事例を紹介している。最近の耕作放棄地対策の風向きはこちらのように思われる。それだけにこのトレンドを数値目標や実績評価で台なしにしてしまわないような配慮がされることを望みたい。

第2部

地域農業再生の担い手と農地利用の課題

第5章　土地利用型農業の担い手像

1　はじめに

農業の担い手問題が政権交代をめぐる政争の争点になっている。小泉構造改革を背景にした末期自民党のいわゆる経営所得安定対策は、その政策対象を府県の場合だと個別経営4ha、集落営農20ha以上に限定するという史上初の選別政策をとった。自由化に伴う価格下落や価格変動の影響は全ての販売農家が被るわけだから、その補償は全販売農家に対してなされるべきで、そこに選別政策を持ち込むのは著しく政策整合性に欠けるといえる。このような選別政策と米価下落に対する無策が農業者の自民党離れを引き起こし、それも一因となって政権交代が起こった。

代わって登場した民主党の小沢・鳩山の「小鳩」内閣は、全ての販売農家を対象とする戸別所得補償政策に切りかえた。それ自体は正しかったが、選別政策に対する「逆ぶれ」から、それまでの構造政策や担い手育成政策の多くを切り捨てるなど別の誤りを犯した。２０１０年春の食料・農業・農村基本計画も「兼業農家や小規模経営を含む意欲あるすべての農業者」「意欲ある多様な農業者」を政策対象にするとしつつ、自民党農政の「認定農業者制度」や「効率的かつ安定的な経営」の規定も残すなど曖昧な面を残した。

「小鳩」内閣に代わって登場した菅内閣は、非自民党出身・反小沢・反中国陣営で固めつつ、当初からＴＰＰ（環太平洋経済連携協定）という事実上の日米豪ＦＴＡにのめり込み、農業関税をゼロにする「農業開国」を宣言し、その対策のために「農業構造改革本部」の設置を閣議決定した。本部名は後に改められたが、その狙いは小泉自民党流の「構造改革」農政への復帰だろう。

今のところ見えてきた政策方向のうち本章テーマとの関係で注目すべきは次の二点である。第一は、本来の構造政策の、小手先の「担い手育成」政策への矮小化。例えば規模拡大に対して10ａ当たり2万円の戸別所得補償の上乗せをすることにした。しかし戸別所得補償の全国一律の単価設定は低コスト・高価格の地域・経営を利する仕組みであり、その意味で規模拡大に対する上乗せ効果は織り込み済みであり、上乗せ措置は重複投資でしかない。構造政策・担い手育成政策は、もっと別の角度から本格的に講じられなければならない。

第二は、非農家なかんずく農外企業への農地所有権取得の解禁である。そのことを、ＴＰＰ参加協議を表明した記者会見で首相自ら言い出したのだから事は重大である。ＴＰＰによる「開国」に耐え得るのは企業農業しかないという「亡国農政」である。

　これらの問題の根底には、日本の土地利用型農業の担い手像、それを育成するための構造政策のあり方に関する確固たる政策の欠如がある。(1) 本章では、限られたスペースのなかではあるが、その解明に努めたい。

2　「担い手」とは何か

(1)「担い手」とは

　「担い手」とは何か。自分一人の経営や利害を追求する人を、あえて「担い手」とはいわない。「担い手」とは、自分一人の肩幅より広い「社会のため」「他人のため」の何か（課題、理念）を背負う者を指す。そもそも「担い手」という言葉は、旧全体主義国の日独語にはあるが（「担い手」「トレーガー」）、個人主義国の英語等にはない。(2) そこではA・スミスがいうように、自由に競争する孤独な個人の利己心の追求が「見えざる手」（市場メカニズム）を通じて社会の利益に結果するものとされ、個人と「担い手」を分ける必要はない。しかしその後の資本主義の展開は「市場の失敗」を認めざるをえなくなり、競争する個人に全てを委ねられなくなった。

　そこで「担い手」を上述のように定義すれば、「担い手」のあり方は社会的課題との関連で歴史的に変化する。あるいは「担い手」というより、「担い方」の問題になる。

日本において農業の「担い手」論を最初に強く意識したのは、東畑精一、山田盛太郎、綿谷赳夫等だった。とくに綿谷は戦前の地主制下での農業生産力の停滞を打破する「生産力担当層」の歴史的推移を追跡し、大正昭和期にあっては、労働生産性と土地生産性を並進させていく自小作層がそれに当たるとした。[3]つまり古い生産関係（地主制）を打破する新しい生産力発展の「担当層」を、歴史的進歩の「担い手」としたわけである。

(2) 基本法農政・総合農政と「担い手」

その一つの帰結でもある農地改革は、「農地はその耕作者自らが所有することを最も適当」（農地法）とした。農地に関する権利の取得を耕作者に限定することが、地主制の廃棄という当時の歴史的課題であり、そこには特段に「担い手」という発想はないが、今日的に解釈すれば食糧確保に向けた「耕作の担い手」という意識ともいえる。

１９６１年の農業基本法は、「農業構造の改善等」により、家族労働力を完全燃焼させつつ所得均衡を達成する自立経営の育成をめざした。「自立経営」には、前述の「競争する個人」、「生産力担当層」的な色彩が強く、「担い手」の発想はなかった。

しかし今日的に注目すべきは、農業基本法が、自立経営だけでなく、「生産工程についての協業の助長」を構造改善の道筋として掲げていた点である。当時は重点は自立経営にあり、「単独では自立経営になりがたい経営」については協業でいくという補完説が主流だったが、立案責任者たる小倉武一は後に「協同農業」に異常なこだわりを示した[4]。彼の本音は自立経営より協業にあったのかもしれない。

協業には生産工程の一部の協業と協業経営（全生産工程の協業）があり、後者の受け皿として1962年の農地法改正で農業生産法人の制度が設けられた。協業経営は、当時の社会党の推奨する「共同経営」として一時的にもてはやされたが、当然のごとくに失敗に帰した後はあまり取り上げられなくなった。

「担い手」が明示的に農政用語として登場するのは「総合農政」を打ち出した1969年農政審答申だった。答申は「自立経営農家が農業の中核的担い手として着実に発展」することを唱い、73年農業白書は「自立経営と中核的な担い手」の項を設けた。ここには育成対象の＜自立経営→中核農家＞への移行論と、＜中核農家＝担い手＞論の二つが語られている。

自立経営は、競争を通じて所有権取得により規模拡大し生産性向上を果たしていく自己完結的な個別経営のイメージだが、1970年代になると家族経営の自己完結性が崩れだし、作業委託、生産組織化、賃貸という形での外部依存が高まりだす。「中核農家」は、そういう周辺農家の「中核」、周辺農家の外部依存の「受け皿」として、「担い手」とされた。もう一つの受け皿として、集団栽培、営農集団、生産組織といった協業形態も追求される。構造改善の二筋の道、「担い手」の二つのあり方は依然として貫かれている[5]。

(3) グローバリゼーション時代の「担い手」論

１９８０年代後半以降のグローバル化のなかで、このような農業経営の外部依存性のみならず農村地域の崩壊が一挙に強まっていく。それに対して１９９２年の「新政策」は、自立経営も協業組織も全て家族ではなく個人の集合体として把握すべきとする「経営体」概念を打ち出し、「担い手」という言葉は慎重に避け、他方でにわかに法人を重視し、経営形態の選択肢の一つとして株式会社をとりあげた。「担い手」から個別経営への回帰である（ただし法人経営）。

このような霞ヶ関農政の新自由主義的傾向をよそに、平場農村地帯では作業受委託から利用権設定への移行が加速化し、耕作できなくなった農地の受け手が、自ら「積極的に借りる」というより「頼まれて借りる」存在として「担い手」と呼ばれるようになった。そして、そのような「担い手」が希薄な条件不利地域等では「集落営農」の取組みが始まる。それは個々の農家では維持しがたくなった、家族経営・「むら」社会・農村生活を、地域に残る力を総動員して確保しようとする自発的な動きに他ならなかった。

こうして「担い手」とは「地域農業の担い手」であることが明確になった。そして地域農業の担い方には個別経営と協業（集落営農）の二筋の道があることは変わりない。１９９９年の新基本法も「農業の担い手」「集落を基礎とした農業者の組織」を語るようになった。

しかしグローバル化時代には、「担い手」は「**地域農業の担い手**」だけにとどまらない。人口自然減という「第二の過疎化」のなかで耕作放棄が増え、地域資源管理が崩れ、「限界集落」が生まれる。他方では農業の環境に対する負荷が問題とされ、農業も温室効果ガスの発生源とされる。農産物過剰のなかで大量生産・大量出荷から「健康で安全な食料」への要求が高まり、農業労働力の脆弱化から市場出荷に耐えられない高齢農家等の直売所向け農業が始まる。多国籍アグリビジネスや大規模小売チェーンにより食と農の距離が隔てられ、栄養過多の「ジャンクフード」による肥満等の「緩慢な死」が先進国・途上国をとわず貧困層を中心に増大し、日本でも農村のほうが即席めんの消費が多いなかで、「地産地消」や「食育」が取り上げられる。日本的都市と都市計画の専売特許だった「都市農業」は、今や世界的に「変革型の都市農業運動」を生み出している。(6)

このように農村(だけでないが)の社会的課題が噴出するようになった。その課題の「担い手」としては、a・「農業経営の担い手」、b・農業経営まるまるは無理だが土日・朝晩なら農機に乗れる「農作業の担い手」、c・農機はあぶなくなったが水管理・畦草刈りならお手のものという「地域資源管理の担い手」、d・直売所、地産地消や食育等の担い手、e・生まれ在所に生き死んでいこうとする者が居てこそ「むら」が守られるという「むら社会の担い手」など、農村社会は住民がそれぞれの「もち味」を活かした「担い手」になることによって初めて定住可能になった。「多様な担い手」論の登場である。

(4) 土地利用型農業の担い手

aの農業経営の担い手に限っても、土地利用型農業の担い手と、果樹園芸畜産、直売所農業、高齢農業、都市農業等の担い手がある。しかし大きく分ければ、規模の経済が働く土地利用型農業とそれ以外の農業の担い手に分けられる。

土地利用型農業が、国民に「健康で安全な食料」やその原料をできるだけ安く提供するには規模拡大が必要である。それは農業基本法時代と変わらないが、しかし今やそれだけではすまない。1970年代末以降、環境制約が強く意識されだすなかで、広大な土壌を使い、自然環境の中で営まれる土地利用型農業には、とりわけ自然循環に依拠し環境負荷を軽減する「持続可能な農業」の要件が付加されるようになった。

かくして「意欲ある多様な農業者」を言うのは正しいが、土地利用型農業についてはそれだけにとどまることは許されない。構造改善がある程度達成されたヨーロッパ農業では、構造政策よりも、環境負荷の軽減と併せた直接支払い政策により達成された経営の維持を図ることを政策目的としている。それに対して日本農業は依然として構造改善の途上にある。そのときに、ヨーロッパと同じように直接支払いの一点豪華主義農政を行ない、「多様な農業者」をそのまま維持しようとするだけでは課題に応えられない。第1節で述べたように、すべての販売農業者に打つべき政策は打ったうえで、固有に土地利用型農業の担い手の育成に向けての構造政策が必要である。

3　家族農業経営の展開

２０１０年の新基本計画は「地域農業の担い手の中心となる家族農業経営」としているが、問題は家族農業経営の内容であり、それがいかに変貌・進化しているかである。そこで、ここでは本州最果ての津軽平野の青森県五所川原市から三つの事例を紹介する（最終調査は２０１０年夏）[7]。市は金木町、市浦村と飛び地合併し、二つの農協にまたがっている。五所川原市に注目したのは、21世紀に入っても農地売買が一定量を維持しているからである。これまで規模拡大といえば利用権集積のみが注目されたが、家族農業経営の本旨は自作経営である。

（1）A経営（旧五所川原市、6.4 ha経営）

市街地に隣接した大字の地域。夫48歳、妻49歳が農業従事。長男25歳は郵便局通勤、次男は学生で他出。父母は早くに亡くなった。夫は、夜勤のある仕事がきつくなり隣町の電器会社を3年前に早期退職して専業化した。妻も同じ会社に勤めていたが、子どもができて退職し、非農家出身ながら姑の見よう見まねで露地やハウス（１６０坪）で野菜栽培をしてきた。当時は1.7 haだったが、近所の人から農地を持ち込まれれば貯金をはたいて購入し、退職時には2.7 haになっていた。２００６年０・62 ha、09年2.3 ha、２０１０年1.4 haを購入して6.4 ha経営になる。最初の購入は10 a当たり65万円、最後の購入は50万円。街が近い地域ということもあり高めである。全て農地保有合理化事業を利用しているが、資金は減反非協力ということでスーパーＬ資金を利用できず、農協資金を借りる。2.3 haは他町からの出作で、田隣りのため田んぼでの話し合いで決まった。妻は、「残債も多く、通帳とにらめっこ」で毎月の月給が入ることの有り難みを知ったという。

賃借はしていない。昨年45ａほど頼まれてつくったが、わけありで返した。

作付けはつくねいも26ａ、紫黒米30ａ、もち米28ａのほかはうるち米で、うるち米は業者売り。農協売りはないが、資材は農協から購入し、関係は良好である。紫黒米（皮が黒く、精米は薄紫、ポリフェノールが多い）はブランド名を商標登録し、Ｎ農園「活菜ふる里」（「活菜」は青森ブランド）の名でイトーヨーカ堂の地元店とネット販売している。妻が市役所のラベル作りのセミナーに参加してヨーカ堂の職員と知り合ったが、店においてもらうまで2.5年かかった。

妻はカボチャでケーキをつくったりしてきたが、夫の退職とともに加工場を建てて製粉機を入れ米粉でお菓子、ロールケーキ、舅が好きだった郷土の「ひとみもち」（もちの粉にあんこを入れて蒸し焼きしたおやつ）等をつくり（ひとみもちは「おらほの田舎スイーツ・コンテスト」でグランプリをとった）、市街地のＭ新鮮館で直売している。

当家は、加工場の建設や学費の関係で生産調整は行なっていない。つくねいもは転作に当たるが面積が少ない。米粉も実需者との契約が必要で、自家使用ではアウトというおかしな話だ。減反非協力ということで市の農業女性グループＶｉｃウーマンにもなれず、妻は孤軍奮闘しているが、青森21世紀産業支援センターとその仲間を頼りにしている。

とりあえず購入で10haにすることを目標にし、つくねいもとハウスを増やして生産調整も行ない、長男が就農すれば、加工販売も増やして法人化する予定である。法人だと信用力が違う。

(2) B経営 (旧金木町、40ha)

経営主のBさんは38歳(女性)、夫38歳、妹37歳(結婚で別居)、父母は70代、子どもは10歳と5歳。家族労働力は3~5名になる。5名で家族経営協定(休日と給与が主)を結んでいる。常雇は入れず、臨時を春に150人日、秋に50人日入れる。

当家は農地改革時は1ha、本人が1990年に高卒就農したときは22haになっていた。父に「洗脳」されて農業を継ぐものと思い込んでいた。当家の大きな転機は1993年の冷害で、地元スーパーから引き合いがあり米の系統外出荷に切り替えた。2001年に農業者年金関係で経営継承し経営主になったが、その前から経理・銀行関係は担当していた。結婚はその後だが、夫はそのスーパーの取引先の社員だった。現在は2人とも米穀検査員の資格をもつ。代掻きは夫、田植機は本人、コンバインは2人で乗る。雇用者も入れた組作業が大切である。

現在の自作地は33・7ha、借地は7haほどで、就農後に倍近くに増えている。なかでも21世紀に入りほぼ毎年のように購入し、計18・5haの購入になっている(正確には8年で年平均2.3haになる)。購入は全て農地保有合理化事業を利用し(計24件のうち6件は5年間公社から借入のうえ購入、現在も1件は公社から借りている）、最近は自己資金での購入が多い。借りていた田を頼まれて購入するケースが多く、土の状態がわかっているので、こちらとしても好都合である。声は父にかかるが、家族で相談して決める。２０１０年も3件、計1.5 ha購入しているが、10ａ当たり40万～50万円で相場より少し高めである。借りていた人から頼まれて買うという事情や、家の近く、連担、道路沿いといった条件もある。

借地は10人から7 haで集落内が半分である。小作料は米3俵、3万円程度で、2万円まで下げて欲しいと思う。期間は以前は10年だったが、双方とも長すぎるということで、ここ1～2年は5年が多い。借地の多くは将来的には「引き取って欲しい」ようだ。

作付けは生産調整対応の加工米（もち米）を除き、つがるロマン、まっしぐら、あきたこまちである。販売は農協売りはない（資材も農協より「すごく安い」ということで業者利用）。地元スーパーが50％弱で減らし気味、県内業者への玄米売りが20～30％、弁当屋・料理屋・下宿屋・老人ホーム等の業務用米と道路に面しているのでショーケースに並べた直売や姉妹での配達を合わせて20～30％という多角化戦略である。販売は父を社長とする有限会社を通じているが、「自分のところで生産した米でないと売るときに食味が気になる」ということで自家製を基本にしている。農薬はほとんど使っておらず、養豚業者と籾殻・堆肥交換、精米時の米ぬかのすき込みをしている。

規模的には今は半端で、機械もよくなったので家族で50 ha以上はいける。通年就業できるなら常雇も入れて生産部門も法人化を図る。タイプ的には本人が法人代表になるのかな、という感じである。

生産調整は、転作組合に調整金を払い5～6年やらなかったが、2006年から地域で加工米対応が一般化したので、認定農業者として農地・機械購入のためのスーパーL資金を利用するために、加工米の形で復帰した。もち米は収量が低いので面積をこなせる。ほんとうは目いっぱいうるち米をつくって資金も利用できるのが一番よい。

(3) C経営（旧五所川原市、有限会社、47ha）

本人59歳、妻57歳、長男35歳、嫁32歳、次男32歳（3.2haの名義、妻は保母）、正社員の常雇35歳が2名の計7人体制である。母81歳は就農していない。1998年に法人化した。長男が勤めるといったのを引き留めたのがきっかけだ。1戸1法人なので、以下では個人経営分と区別せずに扱う。

当家は三代目の分家で、農地改革時は自作だったのではないかという。本人が経営移譲を受けた1982年は7.5haだった。現在は自作地24ha（個人名義）、利用権23ha（法人名義）。当家の飛躍は1996年の公社を通じての農地取得6.2haである。圃場は藤崎町でクルマで30分、所有者は弘前市の農家で体調を崩していた。その後は集落近くで徐々に拡大してきた。

21世紀に入っては、公社から賃借（購入予定）が2件、3.7haのほか、2010年の2件、4haで、1件は中泊町の親戚から（クルマで20分）、1件は土地改良償還金の未払いによる競売で、こちらは自己資金。こういう事情からか地価は45万～55万円と高めである。

むしろ最近では借地が増えている。２～３ha規模の農家の貸しが増えている。２００６年調査時は13haだったのが、２０１０年には23haに倍増している。その多くは作業受託からの切り替えだ。利用権についてみると、地権者は20数人、１戸平均１haになる。小作料は2.5俵だが、金額にして１万３０００～２万１０００円の差がある。支払いは現金でしている。地権者は「現金のほうがいいべ。もらったという感じがある」と言うそうだ。期間は農業委員会の指導もあり、６年にしている。本人としては借地は「お客様しだいで、経営安定のためには自作地のほうがいい」としている。

経営地のほかに「転作受託」が大きい。市の転作は、大字あるいは明治合併村規模の転作組合がとりまとめて担い手農業者やそのグループに委託する形だが、当家の場合は７つの組合から受託している。大豆が主で、播種から調製まで行なうので実態的には貸借に近いが、当家が10ａ当たり１万～１万５０００円の作業料金、収穫物と経営所得安定対策の品質向上分をもらい、他の交付金等は組合側に帰属する形をとっている。２０１０年は大豆33haほどだが、昨年は50数haだった。政権交代で転作奨励金が３万５０００円に下がったための減だが、激変緩和措置で以前の水準が確保されたので、また戻るのではないかとみる。くるくる変わる農政に翻弄されるのが最大の問題と考えている。

当家は作業受託も多いのが特徴だ。現在も水稲の収穫を主に27ha、転作小麦の収穫を75haしている（小麦についてはその他の作業は転作組合で取り組む）。

当家の経営地の作付けは水稲が33ha、大豆12ha、小麦６haである。米の販売は老人ホーム等が７％、農協出荷が15％、残りが県内業者売り。資材の取引も８割が業者である。

今後については、兄弟で分割せずに継いで欲しいと思っている。目標は水稲、大豆、小麦各100haで、麦、大豆についてはは射程距離に入ったが、水稲はまだだ。購入、借入、作業受託、転作受託いずれも視野に入れる。気持ちとしては購入がよいが、作業受託、借入が増えるのではないかとみている。米の販売は玄米売りはやるが、人件費とクレーム処理を考えて白米売りまではやらない(なお同社は本調査後に農林水産祭天皇賞を受賞)。

(4) 若干のコメント

他地域での知見も含めてまとめると、第一に、これら今日の規模拡大層は、東北の古村にかつてみられたような本家重立ち層の出自ではなく、零細規模の普通の農家である。他の事例では最近に至り出稼ぎをやめて規模拡大しだした農家もいる。基本的に農業で食べていくという選択のうえに(そのための規模拡大が可能な地域に立地しての話だが)、3〜4世代家族あるいは複数家族(親兄弟姉妹)の家族労働にめぐまれたケースが多い。

第二に、規模拡大の形は、意向としては購入だが、現実は利用権、作業受託、転作受託と様々だ。作業受委託→賃貸借→売買という移行関係もみられる。いずれにせよ家族経営は規模の如何を問わず自作地基盤である点は揺るがない。

第三に、売買の多寡は地域差が大きい。純農村の旧金木町では売買、町場に近い旧五所川原市では利用権が多い。売買の多い地域は、労働市場が開けず転用機会も少なく、地価が安い。若い人は他出し、老親がいよいよ水・畦畔管理できなくなれば農地を処分するしかない。とくに土地改良償還金の返済が数年滞ると農地を持ちこたえられなくなる。なお償還金は残債を購入者が継承するケースと、売り手が土地代金から一括償還する二つのケースがある。

受け手サイドとしても、10a当たりで地価が30万円、小作料が2万～3万円という状況のなかで、小作料を仮に1％で資本還元すれば理論地価は３００万円、かつての5％でも60万円で、明らかに小作料が割高、地価は割安である。相手は「引き取ってくれ」といっており、資金の目途がつくなら買うほうがいい。売買に当たってはほとんどが農地保有合理化事業を利用しており、面積が大きいので売り手には税控除、買い手にはスーパーL資金利用のメリットが大きい。5年貸付けのうえでの売却も活用されている。

売買が多い背景には、後述する集落営農という受け皿が展開していないこともある。それは東北の平場水田地帯にある程度共通する。集落営農が展開しない背景には、中規模自作農が層を成して存在し、その経済的な地盤沈下にもかかわらず昔の自作農業意識から協業に踏み切れない点があろう。相対的に規模の大きい東日本が集落営農の展開では西日本に遅れをとる「ウサギとカメ」の関係である。

第四に、前述のように三世代世帯あるいは複合家族の豊富な労働力が規模拡大の一つの基盤になっているが、「いえ」農業の色彩は薄れた。給料を払い家族内から労働力を調達し、向き不向きに応じて役員にもしていく。何よりも女性の進出だ。今回の調査は、自宅にこられるのはわずらわしいという声もあり、役場にきていただく方式にしたが、Aさんをはじめご夫婦でこられるケースが複数あった。彼女たちは種々の事情から行政の女性組織等で活動する機会も時間もないようだが、それぞれに仲間をみつけて楽しくやっている。幼子をかかえて、大型機械にも乗り、農作業だけでなく加工販売も手がけている。「いえ」農業から「夫婦」農業への静かな移行が感じられる。

三世代家族についても、親夫婦と跡継ぎ夫婦が敷地内・家屋内に同居＝別居する（玄関・飯・風呂を別にする）ケースが自然発生している。農業者年金を通じる経営移譲は使用貸借形態でもそれなりに力を発揮しており、他方で家族経営協定は「結んで終わり」が多く、その実質化・バージョンアップが求められる。

第五に、政策変更に振り回されており、ともかく政策の安定が求められている。政権交代で担い手育成が不明確になったことには批判が多い。また生産調整への不参加が（割当ては何らかの形で消化しているが）、スーパーL資金から女性組織参加まであらゆる面で、担い手と行政を隔てている。不参加者は、経営採算上やむを得ずそうしているわけで、参加できる条件を整えようとしている。かといって需給調整としての生産調整は選択制で全うできるわけではないが、ペナルティを「売れる米」をつくっている担い手の育成面まで拡大するのは政策としても整合的でない。

4　集落営農（法人）の展開

筆者はこれまで多数の集落営農（法人）を報告してきたので、(8) ここでは2010年夏に調査した岩手県南の東磐井郡一円の合併農協・JAいわい東管内の事例をとりあげる。同地域は中山間地域にあって水稲よりも園芸や畜産を主作目にしている。農協は1997年の合併にあたって支店再編は避け、旧農協ごとに営農センターを置いて、農協が地域・農家から離れないよう工夫している。2006年には転作と集落営農を担当する農政対策課を立ち上げた。現在のところ集落営農組織は11、うち三つが法人化しており、さらに二つほど立ち上がる予定である。農協は、集落営農の経理事務を受託し（手数料はわずか）、資材の大口利用は5％引き、集落営農にはさらに2％上乗せしており、2010年秋には集落営農協議会を立ち上げる予定だ。以下では集落単位の小法人と旧村（明治合併村）単位の大法人の各一つを紹介する。

（1）1集落営農――T組合

旧千厩《せんまや》町小梨村のT集落をエリアとする組合員43戸、利用権23・3haの組織。組合長63歳氏（私立高の現役事務長）と副組合長64歳氏（誘致企業をリタイア）に話を伺う。

組合の前身は1970年頃の圃場整備に伴い設立された水稲生産組合である。圃場整備は15a区画化がやっとだったが、2002年に工事残土を使って半分を50～60a区画化した。水稲生産組合は育苗と田植えを協同で行なってきた。法人化は2004年。自主的な法人化だったが、大きい農家ほど機械投資が大変で法人化の意向が強かった。水稲生産組合としての積立金も相当あり、補助金とあわせて立派な集会所・事務所をつくり、出資金にも充てることができた。中山間地域直接支払いも法人ができてからは、法人が有効活用している。

法人には集落のほぼ全戸と、一緒に圃場整備した集落外の7～8戸が参加している。作付けは水稲12・5ha、大豆5.8ha、小菊2.5ha、飼料稲2.3ha（地域の企業養豚と契約）などである。その他に利用権は設定していないが畑9haほど借りて（昨年は4ha）、大豆をつくっている。耕作放棄の防止が目的で、大豆の出来は水田転作よりよほどよい。

法人が機械作業と水管理を担い、小作料は反1万4000円（当初は2万円だったが、苦しくて2回ほど下げた）。畦畔管理を地権者がやるとプラス6000円だ（法人に任せているのは3戸のみ）。畑の小作料は3000円。オペレーターは常時4～5人（30～62歳）、作業員は8人、うち6人は小菊担当の女性で32～77歳。時給はオペが850円、作業員が750円だ。なお小菊は仏花用で、東北一、二の産地であり、高齢女性も得意とするところ。

収支は農業の赤字を営業外収入（交付金等）でカバーして、経営基盤強化準備金の積み立てなしでほぼトントン。部門別には小菊が200万円以上の赤字だ。「77歳の人にまで750円払って赤字なら小菊はやめたほうがいいのでは」と問いかけると、「まさにそのとおりだが、米、大豆は数人でできてしまい雇用力がない。全体でトントンなら地元に雇用と収入をもたらすことが大切だ」という。

法人としての規模は小さく、農業では赤字だ。そのなかで今年の総会で農産物加工施設2800万円（国・県の補助を半分見込む）の投資をやっと決めた。発想は小菊と同じだろう。地域に要介護者や一人暮らし高齢者が多いので福祉弁当に取り組み、豆腐製造、味噌加工にもチャレンジする。事務局長55歳氏が市職員であり、その方面は明るい。この成否が当面の法人の勝負どころだろう。

（2）旧村集落営農――O組合

旧千厩町奥玉村には8集落があるが、昭和30年代および1997年に圃場整備を行なった7集落をエリアとする大規模集落営農である。圃場整備は1ha区画が20％以上が条件で、平均70～80aになっている。圃場整備は一級河川改修や広域道と同時になされ、それへの用地提供で個人負担を避けている。

整備後に各集落ごとに営農土地管理組合をつくった。組合長65歳氏の町下集落は組合代表等に利用権を設定する方式、副組合長53歳氏の三沢集落は剰余配分方式、その他、個人に任せる方式もあったが、残りは町下方式だった。圃場整備は担い手への利用集積が要件であり、町下・三沢は集落単位での法人化を考えていたが、他集落は「旧村全体でまとめて欲しい」という意見で、2007年に旧村型法人化した。土地管理組合時代の経験で、個人で営農している感覚が薄れていたことが法人化を容易にしたとしている。

構成員339名、利用権面積174haにのぼる。7集落のほぼ95%が参加した。運営方式は、まず小作料が10a1万3000円。機械作業と水管理は法人、畦畔管理は七つの組合を法人の事実上の下部組織としてそこに任せ、中山間地域直接支払いの緩傾斜の8000円のうち3000円を支払っている。

オペレーターは常時10名程度で38〜70歳、50代が多い。作業員はオペのほかに17〜18人。時給はオペが1300円、その他は1000円で、昨年から各300円賃上げしている。

作付けは水稲103ha、飼料作32ha、大豆12ha、飼料米3haのほか、小菊、トマト、枝豆、そば、スイートコーン、白菜、えごま等が計17haになる。うち小菊とトマトは個人に作業委託、その他はお年寄りの「朝夕会」や集落の組合が管理している。小菊とトマトは個人受託だが、地権者ではない。そこは法人への利用権設定のうえで、法人・組合を通じて調整されている。すなわち「営農土地管理組合」は文字どおり、土地利用調整組織でもあったのだ。小菊等は若い農業者が取り組んでおり、法人一元化で潰してはならないという配慮である。

加工販売部を当初から設けているが、昨年「工房あらたま」をつくり、味噌加工、米粉によるケーキの試作等を行ない、メンバーは30代から70代まで14〜15名。

これだけの大規模組織ながら、収支は機械購入・圧縮損等の特別損益を除き100万円ほどの赤字になっている。先に畦畔管理を組合に委ねるとしたが、中山間地域の管理は組合だけでは無理で、地権者に草刈り何回とお願いすることになり、その対価が年間収益に応じて「作業委託費」の形で

10a2万~3万円支払われているからだ。「高すぎるのではないか」という問いには、「ふるさとを守るための組織であり、ふるさとはみんなで守る必要がある、後は法人にまかせたでは地域は守れないし、この支払いがなければ法人もできなかった」という。したがって法人のゴールは残り1集落も含めた奥玉村全体の法人化だ。（1）の事例とは一桁違うが、同じ中山間地域の集落営農として、めざすところや運営方式（園芸作や加工、女性参加、収益配分）は基本的に同じだといえる。

（3）集落営農（法人）の実態と課題

他地域での知見も踏まえながら集落営農（法人）についてまとめる。

①エリア……集落営農というと農業集落（むら）をエリアとしたものと受け取られがちだが、実際には様々で、O組合のように旧村（明治合併村）単位もある。政策がらみでつくられたケースでは広域のものがめだつが、それは農協支所単位だったり、後発のため集落単位での人材や合意形成をえられなくなったことが作用している。広域化したとしても協業体である以上、協業の基礎単位が古くからの生産共同体としての農業集落におかれていることはO組合の事例にもみるとおりである。農業集落（むら）と旧村の入れ子構造的集落営農も多い。

②歴史……経営所得安定対策との絡みでにわかに集落営農ラッシュになったが、政策対応のための集落営農は「ペーパー集落営農」がほとんどである。協業集落営農は、それ以前に圃場整備等を契機に任意の機械利用組合等がたちあげられ、そこでの機械作業受託やオペレーター協業の経験をもつも

のが、自発的に集落営農法人化したり、経営安定対策を契機に法人化したものが多い。「ローマは一日にしてならず」である。

③人材……リーダーはO組合のように農家もいるが、多くのケースでは、農協の現役・OB、校長等経験の教員OB、行政（普及OB）、企業の役職・労組経験者等、何らかの農外経験者が多い。広い視野・行政（政策）対応力・マネジメント能力・企業感覚等が求められるのだろう。T組合の組合長も福祉弁当の取組みを始めるに当たって乞われて就任している。リーダー確保が集落営農や中山間地域の集落協定の最大の難問である。

④仕組み・類型……現実の集落営農の形は集落の数ほどあり、その育成も特定の（行政）方式を一面化するのは厳に慎むべきだが、パターンを整理すると以下のようだ。

a・話し合い集落営農……地域ぐるみでの営農への取組みを話し合っている。

b・ペーパー集落営農……経営所得安定対策の交付対象になるために、要件としての経理と販売の一元化をペーパー上で行ない、実際の営農は地権者単位で協業には至らないもの。

c・協業任意組織……組織が機械作業、地権者が水・畦畔管理作業を分担し、管理作業には手厚い報酬が支払われ、残る収益も面積配分される。水管理と畦畔管理の扱いが異なるケースもある。

d・初期法人化……法人化し利用権を設定するが、実態はcと大差ないもの。

e・法人経営体……法人が管理作業を含めて行ない、地権者は地代支払いを受ける。

このように、法人化し利用権設定するか否かに関わりなく、実態的に水・畦畔管理を組織がやるか地権者等が行なうかが協業集落営農のポイントである。この場合は、実態的には「半」法人・「半」利用権であり、地権者側になお自作農の片鱗が残されている（「半」自作農）。それを法的範疇で割り切るのは非現実的である。

⑤収益と加工販売部門……米麦大豆中心の場合は、組織形態や規模の大小にかかわらず、売上高では物財費等をカバーできる程度で、営業（農業）利益は赤字、それを営業外収入（交付金等）でカバーして収支トントンか若干の経営基盤強化準備金を積み立てられる程度である。トントンにもっていくにあたっては、小作料、労賃、管理作業報酬による調整もある。そこで収益改善や、協業化による余剰人員や女性の活動の場の確保のためにも集約作や加工部門の導入が検討される。

⑥移行……④の類型は必ずしも階梯的ではない。集落営農の形を決めるのは、地権者がなお水・畦畔管理を行なえるか、組織に任せざるを得なくなってきたかの農家実態（農業構造）である。分水嶺はｄとｅの間にある（ｄ＝ｅと観念される場合にはｃとｄの間）。リーダーは移行の「熟度」とタイミングを測ることが肝要で、早すぎれば無理を生じ、遅すぎればみんな年老いてしまう。したがって「何年で法人化」等を義務づけるのは現実的でない。

⑦展開……集落営農の歴史が長く、一定地域に集落営農が複数展開するようになると、小エリアではリーダー、オペレーター・大型機械の確保やその効率利用が難しいことが自覚され、集落営農の協議会がたちあげられ、集落営農間の機械やマンパワーの融通、作目分担等が試みられている。かといって「むら」の定住条件確保を目的につくられた集落営農を安易に合併・統合することには問題も

あり、緩やかな「連合」「連携」組織の設立が現実的である（広島県北広島町の「大朝農産」、東広島市の「アグリサポート東広島」のケース）。

5　構造政策の課題

担い手形成にとって政策はどんなポジションにあるか。明確なことは、特定者に農地集積を誘導・強制する短絡的構造政策や選別政策は何ら成果をあげていないということである。地域農政の担い手としての自治体や農協は農家に近く、また公平性の点からも個別経営農の資産に係る支援はしづらい。農地の流動化や集落営農化を規定するのは、いうまでもなく、主観的政策ではなく、客観的な地域の農業構造である。どれだけ1世代世帯化しているか、高齢化がどれだけ進んでいるか、端的に水・畦畔管理を自家労力でやれる地権者がどれだけいるか、による。利用権か所有権かについては地価水準が規定的である。

政策にできることがあるとすれば、せいぜいのところ、供給された利用権・所有権をどれだけ保有合理化に方向づけられるかだけであり、そこに農地保有合理化事業の意義があった。白紙委任が増えてきたとはいえ、それを全国化しようとする農地利用集積円滑化事業にはあせりがあり、万が一にも地権者の意向と齟齬を来たせば地域全体の流動化をストップさせてしまうだろう。

では構造政策は有効でないのか、不要かといえば、決してそうではない。問題は何が構造政策かではなく、どんな政策が構造改善に有効かである。結果的に構造改善に有効な政策を構造政策と呼びたい。その点で、圃場整備は流動化や組織化の大きな契機になった。圃場整備事業に機械の補助事業が後続することにより組織化を促し、それが今日の協業集落営農の歴史的土台になったケースも多い。

農地売買にあたっては、農地保有合理化事業の利用を通じる低利融資、５年賃借後の売り渡し、譲渡所得税の一定控除等は売り手・買い手の双方に利益をもたらした。

農地流動化を個人相対の市場メカニズムに委ねるのでなく、そこに組織や制度が介在するにあたっては、標準小作料や地価相場の示唆は取引費用を軽減している。

集落営農（法人化）にあたっては、交付金で釣る方式は「ペーパー集落営農」を生んだだけだった。協業集落営農化に向けては、機械購入等を補助する「強い農業づくり交付金」が有効だったが、民主党農政は大幅カットした。行政・農業団体によるノウハウの提供・相談活動、農協の経理代行・資材割引・運転資金等の供給等も有効である。

しかしながら構造政策として最も大切なのは経営継承者確保・新規就農者政策である。既存の大規模経営をいかに継承させるのか。経営継承者確保にあたっては、実態的には法人化して非世襲的に意欲と経営能力のある者を確保していくのが現実的な道であり、多くの事例が生まれている。自治体や農協は乏しい予算のなかで新規就農対策等に腐心しているが、「同情するならカネをくれ」であり、国による新規就農資金の思い切った提供、海外視察を必修とし資格付与を伴う本格的な研修制度とその間の収入保障、仲間作りと情報発信等が欠かせない。しかしカネさえ出せばよいというものではない。新規就農者・経営継承者が地域に溶け込み、定住できる社会的条件の整備こそが課題である。

これらの政策については、国による予算確保のうえで、実施は自治体の創意による必要がある。非農家出身女性が農業青年の配偶者になるケースもあるが、子育て期の彼女らに農業のノウハウを組織的に伝授することも望まれている。

本章では構造政策の二元性―個別経営と協業―を一貫して強調してきた。地域的には個別経営主体でいく地域と集落営農中心との分化がみられるが、問題は両者が併存する地域である。そのような地域では、担い手・集落営農連携型ともいうべき方式の展開がみられる。すなわち個別経営の若い農業者を集落営農の中核的オペとして位置づけつつ、個別経営も自分の集積農地を集落営農にもちこんで効率化を図っていく。リーダーがそれを意識的に仕組むケースであり、多少とも個別の担い手のいる地域にふさわしいと言える。

最後に、農地法改正と前後してナショナルブランド企業（多国籍企業）の農業進出ラッシュになっている。企業進出は地元土建業、食料産業、一般企業に分かれるが、特定法人貸付制度時代の地元土建業の進出は、公共事業の入札ポイントをアップするなどのよこしまな措置もあった。留意すべきは食品産業や大規模小売チェーン（生協を含む）の原料・商品確保のための土地利用型農業への進出だろう[9]。そこには地元の農協・農家と連携して農業生産法人をたちあげる方式と、子会社が農地法に基づいて直営農場をたちあげる方式がみられる。どちらかというと、前者はきちんと研修等も行ない、地元との連携もいいが、後者は見よう見まねで取り組む乱暴なものもみられる。いずれにしても、その究極の狙いは「地域農業囲い込み戦略」にある。彼らがそうするのは、放っておいたら農家の高齢化で荷が集まらなくなるという危機感に基づく先取り対応である。

これらのケースが量的・経過年数的実績を積めば、次に所有権取得が課題になるのは必至である。所有権は、基本的に農業的利用しか想定しない利用権と異なり、金融資産として一人歩きをしはじめる。とくにアメリカ流金融資本主義の時代にはそれが顕著で、投機やバブルの対象になりうる。３の自作地拡大のケースにもみたように、地価が10ａ30万円まで下落すれば、１００haの取得に３億円で済み、大企業にははした金だろう。

今や実績の戦いである。企業の農業進出は耕作放棄地の発生を口実とするケースが多い。地域の土地利用型農業の担い手たちが「地域・ふるさとの守り手」として農地を維持し、地域・地権者に信頼され、営農力をつけ、地域の雇用力や経済力に貢献し、ゆめゆめ耕作放棄地を蔓延させないような実態を形成することが不可欠である。

注

（１）拙著『政権交代と農業政策』筑波書房ブックレット、２０１０年、拙稿「ＴＰＰ批判の政治経済学」『ＴＰＰ反対の大義』農文協ブックレット、２０１０年を参照。

（２）担い手論については、食料・農業政策研究センター編『日本農政を見直す』１９９４年、における大内力、小田切徳美、田代洋一の発言・報告を参照。

（3）「綿谷赳夫著作集」第1巻『農民層の分解』農林統計協会、1979年。
（4）梶井功「故小倉武一前代表幹事の協同農業論」小倉武一記念協同農業研究会編『記念会報―協同農業研究の20年―』2006年。
（5）構造政策については、拙著『集落営農と農業生産法人』筑波書房、2006年、序章。
（6）拙稿「農業・農村の存立意義」梶井功編『農業・農村の再生を求めて』農林統計協会、2011年刊行予定。
（7）調査の全貌は全国農地保有合理化協会『土地と農業』No.41、2011年3月に所収。
（8）筆者の集落営農（法人）の紹介としては、拙編『日本農業の主体形成』筑波書房、2004年、前掲『集落営農と農業生産法人』、『混迷する農政　協同する地域』筑波書房、2009年、その後については「土地利用型農業の担い手像」として『文化連情報』2010年11月号～2011年8月号に連載。
（9）拙著『反ＴＴＰの農業再建論』筑波書房、2011年、第Ⅶ章を参照。
（10）前掲拙著『混迷する農政　協同する地域』第2章第3節。

第6章　中山間地域における農業の危機と地域の危機

——西日本の事例から

1　はじめに

２０１０年世界農業センサスによれば、耕作放棄地面積は39・6万haで、5年前より2.7％増加してはいるものの、5年間の増加幅はそれ以前より縮小したとのことである。しかしながら、２００５年時点においても耕作放棄地率は平地農業地域で5.4％であるのに対し、中間農業地域で12・9％、山間農業地域では14・6％と、中山間地域においては相当に高い数字に達している（「２００５年農林業センサス」）。また、近年は道沿いの比較的耕作の不便を感じない場所にも不耕作が続く田畑が目に付くようになってきており、中山間地域における耕作放棄地問題はここ10年ほどの間に質的に一段と厳しい段階に至ったという見方もある。いずれにせよ、中山間地域における人口の減少や高齢化には歯止めがかかっていないので、中山間地域における耕作放棄地問題は今後も深刻さを増していくものと思われる。中山間地域農業を農地制度という視点から考えるなら、この耕作放棄地問題が中心的な課題として浮かび上がってくる。

もっとも、中山間地域における耕作放棄地問題への対応として、単に農地管理制度に手を加えるだけではほとんど意味がない。中山間地域といってもその内実は多様であるが、大きくとらえれば、中山間地域においては1980年代後半以降に進んだ人口減少と高齢化の進行により農業主体の崩壊が進み、個別農家の後継者の喪失という段階を越えて、集落全体としての農業主体の喪失、さらには集落維持主体の喪失という段階に至り、それが耕作放棄地の増加をもたらしているということができる。そのような状況が中山間地域における耕作放棄地問題の今日的状況である。

以下では、西日本における若干の例をあげ、中山間地域における耕作放棄地問題の背後にある地域社会の危機の現状と地域におけるそれへの取組みについてみてみる。そしてそれへの政策的支援について検討するなかで農地管理制度についても触れることにする。

2　中山間地域における農業問題・地域問題

(1) 中山間地域の定義

中山間地域という言葉が頻繁に使われるようになってきているが、この言葉は必ずしも一つの定義で用いられているわけではない。行政的な用語として中山間地域という言葉が使われるようになったのは、１９９０年の農業センサスからであると言われている。１９９０年以降の農業センサスでは、昭和25年時点の市区町村の単位で（１９９０年の農業センサスでは新市町村単位だったが、批判を受け、１９９５年センサス以降は旧市町村単位になった）、都市的農業地域、平地農業地域、中間農業地域、山間農業地域の四つの類型に地域区分をしている。都市的農業地域を除く地域のうち、林野率が80％以上で耕地率が10％未満の地域が山間農業地域、耕地率が20％以上で林野率が50％未満（ただし、急傾斜の田畑の割合が高い――傾斜20分の1以上の田と傾斜8度以上の畑の割合が90％以上――地域を除く）、もしくは耕地率が20％以上で林野率が50％以上ながら急傾斜の田畑の割合が少ない地域――傾斜20分の1以上の田と傾斜8度以上の畑の合計が10％未満――が平地農業地域、そしてそれら以外のところが中間農業地域とされている。このうちの中間農業地域と山間農業地域を合わせたものが中山間地域であるから、都市的農業地域以外で、耕地率が20％未満の地域と、耕地率が20％以上ながら林野率が50％以上、もしくは林野率が50％未満であっても急傾斜地田畑の割合が高い地域がこれにあたることになる。

その後、1999年に成立した「食料・農業・農村基本法」は「山間地及びその周辺の地域その他の地勢等の地理的条件が悪く、農業の生産条件が不利な地域」を「中山間地域等」と呼んでいる。このほか、特定農山村法による「特定農山村地域」、山村振興法による「振興山村」、過疎地域自立促進特別措置法による「過疎地域」などを含めて中山間地域と呼び、活性化のための施策の対象としている地方自治体などもある。

様々な定義がなされているが、日常的な意味での中山間地域という言葉が含意し、また以上にみた政策上の定義が概ね前提にしているのは、傾斜地が多い等の自然条件により農業経営上不利な条件にある地域ということである。しかしながら、農業センサスの定義する中山間地域を一括して扱うことには問題があると指摘されている(1)。農業条件の不利性をきちんと反映する区分となっていないためである。本章では、センサスの意味する中山間地域に言及していることが明らかな場合を除いては、センサスで中山間地域とされている地域のうちでも農業条件の不利な地域を指して中山間地域とよぶことにする。また、具体的な事例の検討においても条件不利地域としての中山間地域問題が顕著に発現している例をみることにしたい。西日本ではそのような意味での「中山間地域」の比率が高いのが特徴である。

(2) 中山間地域における農業の衰退、地域の衰退

右で述べたように、農業センサスでの中山間地域には農業条件がそれほど不利でない地域が入り込んでしまっているのであるが、それでもそのような「中山間地域」について全体として以下のような条件不利性が確認できる。傾斜20分の1以上の農地が平地農業地域においては6.5%であるのに対して、中山間農業地域では26・1%に達している。そのため、一般には圃場の面積も小さく、大規模な農業の展開には不向きである。また、平地農業地域に比べれば畦畔の面積も広いし、水路等の維持の労力もかかるなど農地管理的業務も多くなる。それらにより、農林水産省によれば、土地生産性は平地農業地域で1ha当たり97・1万円であるのに対し、中間農業地域が74・1万円、山間農業地域が70・4万円と試算されている。

ただし、中山間地域の農業が農地面積においても、そして農業生産においても日本農業の重要な部分を占めていることを忘れてはならない。中山間地域の農業産出額は3兆4000億円で、日本全体の39%、農家人口は465万人で日本全体の41%、そして耕地面積は203万haで日本全体の43%を占めている。(2)

中山間地域においては、生産条件の困難さや交通手段の未発達、社会資本整備の遅れからくる生活条件の困難さなどにより、早い時期から「過疎化」が進行する。西日本の日本海側地域においては「三八豪雪」をきっかけとして人口流出が急激に進んだとの声を各地で耳にする。1960年代に本

格化する高度経済成長により都市側の吸収力が強まったことなど、単純に豪雪だけの影響ということはできないであろうが、中国地方や近畿地方における条件の悪い中山間地域においては、「三八豪雪」をも一つのきっかけとしつつ、60年代前半から急激な人口減少が進行する。

その後、1970年代後半には中間農業地域を中心に人口流出に一定の歯止めがかかったようにみえたが、1980年代後半から、なだらかながらも再び人口は減少傾向を示す。そしてそれは顕著な高齢化を伴い、中山間地域における農業生産の主体的条件をきわめて脆弱なものとしていく。1994年には食糧法が制定され、1990年代後半以降は米価の下落が続く。農地を貸そうにも借り手が見つからず、獣害等も重なり、条件の悪い田畑は耕作放棄地化していくことになる。

中山間地域における過疎化、高齢化の進行は、農業の衰退をもたらしただけでなく、集落機能の維持さえも困難にする。日常的な生活扶助、道路や水路の維持管理なども行なわれなくなり、生活環境の悪化、生活条件の悪化が進む。そして、それに追い打ちをかけるように小中学校の統廃合、農協の合併、市町村の合併が進められ、日常的な公共サービスからも遠ざけられ、地域的な意思形成の場も失われていく。中山間地域の農業問題の今日的な状況を理解するうえで特に注意しなければならないのは、それが単なる農業の問題ではなく、地域社会の衰退をも伴っているということである。

３　地域の取組みからみる中山間地域問題の現状

中山間地域の農業における近年の動向として注目されるのは、集落営農の組織化や集落を基礎とする農業法人の設立の動きである。近年、きわめて多くの集落営農が組織され、さらにその法人化が進められている。もっとも、その多くは実は２００３年の農業経営基盤強化促進法の改正において「経営主体としての実質を有する」集落営農組織、すなわち特定農業団体が農地の利用集積を行なう担い手として位置づけられ、さらに２００７年度から実施された品目横断的経営安定対策において、一定条件を満たす特定農業団体および特定農業団体と同様の要件を満たす集落営農組織が当該対策において補助金を受給しうる「担い手」として位置づけられたことによるものである。その内実は心許ないし、地域における自生的な団体とはいえないものも多い。

しかしながら、このような政策形成を逆に促すような、集落を主体とする営農や集落機能維持のための取組みが中山間地域を中心として各所で「自生的に」行なわれている。「自生的に」といっても、もちろん自治体や国の支援を受けての取組みであるが、地域社会の側がそれらを主体的に利用しながら、農業条件の困難さや地域社会の危機を克服するための取組みが多くのところで行なわれている。以下、西日本におけるいくつかの例をとりあげながら、地域社会の目線から近年の中山間地域の農業や地域の置かれている状況の一端をみてみることにしたい。

(1) 集落営農発展型の事例

1990年代の後半から、今日的な農業の危機、集落の危機に対して、集落でのそれまでの取組みのレベルを上げることにより対応しようとする動きとして、集落が主体となる法人を設立する動きが見られるようになる。当然のことながらそのような取組みが行なわれる集落においては、それまでにも集落による様々な取組みがなされており、何らかの形で集落内での意思疎通が一定程度可能になり、リーダー層が形成されてきている。農業状況の悪化、集落の危機の深刻化に対抗するため、それらリーダーの指導のもと、集落主体の様々な取組みの一環として集落主体の農業関連法人、生活支援法人が設立される。

いくつかの類型があるが[3]、おそらく最も多いのは、それまで行なわれてきた集落営農組織を機械の共同利用や共同作業のためのものから一つの経営体へとバージョンアップさせるために法人化がなされるというものであろう。集落営農や集落営農法人に対する地方自治体による支援の強化、そして国レベルで1992年の「新政策」以来集落営農等が積極的に位置づけられたことを背景に、米価が下落するなどして特に中山間地域の条件不利地域における農業経営が実質的に成り立たなくなるような農業条件の悪化のなか、このような動きが顕著になる。

右のような動きの典型は島根県における集落営農の設立とその法人化の動きにみることができる。島根県では急激な過疎化に対抗するため、1960年代末というかなり早い時期から集落を基本的な単位とする営農の組織化を促す独自の事業を実施してきた。当初はそれにより中核的経営体を育成することを目的としていたが、その後1990年代になると「集落を主体とする営農」の確立が目標とされるようになる。そして、2000年前後からは機械の共同利用をする集落営農から作業受託や協業経営をする集落営農への移行、そしてその法人化が目標とされるようになる。また、それらの事業のなかには集落での合意形成を促進するための「話し合い事業」なども組み込まれていた(4)。

島根県雲南市のA農事組合法人の母体となるB集落は、標高250mの谷あいに広がる傾斜地にあり、出雲市等の中核市まで車で通勤圏内にある。集落の戸数は23、そのうち21戸が農家で、18戸が法人に加入している。法人の経営する耕地面積は13haで集落の耕地の多くを集積しており、水稲を7ha、大豆などの転作を2~3haするなどしている。耕地は法人が構成員から借り、地代を払うほか、構成員はオペレーターとして登録され、春秋の作業に対しては賃金が支払われる。また、水管理、畦畔の草刈り、肥料散布等の圃場の管理は農地所有者に再委託され、管理委託料が支払われている。笹巻き団子や味噌などを製造する加工部もあり、女性の働き場となっている。農業体験の交流事業にも取り組んでいる。

この法人は、それまで当集落にあった農機具共同利用組合と加工所を合体させる形で1998年に設立された。農機具共同利用組合は圃場整備を契機として1978年に、加工部は1983年に設立されており、農地集積を進め、会計処理問題等に対応するため法人化することになったという。また、法人化にあたっては特定農業法人として農業機械更新にあたって補助金を得ることも考慮されたという。集落で法人に加入していないものも加えた組織をつくり、中山間地域等直接支払交付金等の交付も受けている。

この法人は、ある意味で島根農政の優等生であり、補助金により支えられているという面はある。しかし、地域の側からみると、卓越したリーダーの指導のもと、県などからの補助金や指導等、使えるものは使いつつ、集落の農地の保全や集落の維持・活性化のために集落として「主体的に」取り組んできたとみることができる。集落の取組みを強化することにより集落における農業の危機を乗り切り、それにより集落の活性化を果たしてきた。また、取組みの内容が機械の共同利用から始まり、農産物加工の取組み、農地を借りての農業経営、そして交流事業にまで展開してきているのも、一つの典型的な動きである。

京都府においても1980年代には集落営農が推奨されたが、80年代後半からは「地域営農システム」の確立、そして90年代以降は「地域農場作り」が政策的に推進されてきた(5)。それらへの取組みのなかで集落での話し合い活動などを通して形成された集落のまとまり、そしてリーダーの存在を基礎としつつ、集落営農の発展として法人化を進め、事業内容としても、農作業の受委託、農産物加工、農産物販売や飲食店経営へとバージョンアップしてきたものがある。その典型がC農事組合法人である。

C組合がある地域は山間ではあるが、中核市まで近く、兼業化が進んでいる。圃場の条件が悪いため耕作放棄が見られるようになり、集落で集団転作に取り組んでいたが、1983年に圃場整備を契機として任意組合としての営農組合が結成された。その後、換地後の農道や水路などの所有主体となるため農事組合法人（1号法人）となった。法人は3集落を活動領域とし、組合員57名、うち販売農家37戸である。集団転作としてそばを栽培し、加工販売、さらに食堂兼地元農産物直売所を経営している。法人が水稲栽培の農作業を受託し、集落ごとにある農家組合に再委託している。転作も農家組合が行なっている。１９９４年には農地の権利を取得できるように農業生産法人化（１・２号法人化）している。

(2) 生活危機対応型の事例

京都府においては、集落での話し合い活動、そしてそれらの活動により形成されたリーダーの存在を基礎としつつも、集落営農の単純な発展ということではなく、集落営農とは若干切り離された動きとして、集落（旧村などの複数集落）を主体とする農業や関連事業を行なう法人が２０００年前後に多数設立された。これは農協の合併により身近な日用品販売の店がなくなることなど、この時期に進む地域の空洞化、生活の危機への対応であり、あくまでもその一環として、地域農業の維持、地域の農地の保全等も設立目的の一つとされている。日用品販売の店舗経営、農産物加工・販売、農産物直売、都市住民との交流事業などとともに、農作業受託や集団転作等による農業的課題の解決が目指されている。

このような取組みの先駆ともいうべきD有限会社は、京都府京丹後市F町に属する2集落からなる旧村を母体に設立された。F町では1980年代後半から人づくりや町づくりの取組みが行なわれていたが、地域の人口減少が進み、祭りなど伝統行事の維持も危うくなってきたため、この旧村でも1990年代になって「村づくり委員会」が結成され、様々なイベントなどが行なわれていた。ところが、農協の合併により同地の支所が廃止されると発表されたため、それへの反対運動が起こり、その運動を引き継ぐ形で、村づくり委員会が母体となって支所跡地で店舗経営等を行なうための有限会社が1997年に設立された。村づくり委員会構成員の8割、33人(うち農業者は20人)が出資している。地域内の総戸数は160戸強、そのうち農家は78戸(うち販売農家は59戸)である。

当有限会社が経営する店舗では、地域住民のための食料品・日用品販売のほか、地元農民が栽培する野菜や地元住民の製造した加工品の直売を行なっている。また、高齢者向けに商品の配達をするほか、店舗内に談話できるスペースを設けるなどしている。エゴマの委託栽培・加工品販売を行なうほか、地域内で生産された野菜をブランド化してスーパーに出荷するなどもしている。農作業の受委託も活動内容の範囲に入れられているが、現実の活動はしていないようである。近年になって住民を講師とする体験観光を商品化している。

当法人は直接に耕作放棄地を減少させるような活動をしているわけではない。しかし、生産物の直売の機会を与え、またスーパーへの出荷を促すなどにより、農業への意欲を高めており、それにより耕作放棄地の発生を根本のところで抑制している。また、村づくり委員会との連携のもとに、営利のためというよりは集落の公益的機能を担うために運営されている。そしてそのことによる集落からの支持がこの法人の存続を逆に支えている。地域社会の危機を背景とし、直接的には農協支所の廃止等を契機として、日用品販売や農産物直売の店舗経営、農産物加工、交流事業等に取り組み、加えて農業経営や農作業受委託による地域農地の保全をも行なう（行なおうとする）法人が集落的な取組みとして設立されてくるという、京都府における1990年代後半以降の動きを象徴する事例ということができる。

全国的に有名になっているG町の取組みも同様の事例である。そのうちの一つH有限会社は、18集落からなるG町の旧村の一つI地区において、1999年に農協合併――地域の日用品販売を担っていた農協支所がなくなり地域の中心が空洞化するおそれ――への危機対応として立ち上げられた法人である。同時期に同町で旧村ごとに設置された地域振興会も特徴的である。I地区でも、自治会、村おこし委員会、公民館の機能を実質的に合体させた地域振興会が設置された。そこには町の職員が配置され、振興会の支援業務のほか、一定の窓口サービスをも行なっている。H有限会社は、農協支店の跡地での店舗経営（日用品販売、野菜の直売など）のほか、農業事業、福祉事業に取り組んでいる。農業事業としては、集落の範囲を越えた転作ブロックローテーションを行なっている。転作を中心とする農作業を受託し、三つの広域営農組合に農作業を委託している。福祉事業としては介護予防拠点施設の管理業務を担当するほか、最近では高齢者宅の巡回や生活物資の供給を行なう「ふるさとサポート便」の運行を始めた。そばつくり体験の交流事業も行なっている。

有限会社設立にあたっては、地区戸数の約半数、100名以上の賛同を得、I自治会の出資をも得ている。地域振興会とは場所的にも同居し、強い連携関係にある。なお、G町は2006年に他の3町と合併しており、有限会社や地域振興会が新市とどのような関係を築けるかが課題となっている。

(3) 若干のまとめと補足

以上の事例をごく簡略化すれば以下のようにいうことができるだろう。中山間地域の意欲的な集落においては、農業の危機的状況をも含む地域社会の危機に対抗するため、行政的支援も受けつつ、集落での話し合いにもとづく共同的な営農や村づくりの活動が行なわれてきた。危機の一層の進行に対してそれまでの集落の取組みを一段と強化するため、それらの活動を通じて育ってきた集落内コミュニケーションとリーダーに支えられつつ、農業をも含め、農産物加工や日用品販売、都市民との交流事業、さらには福祉事業までをも行なうような一つの「社会的企業」あるいは「地域共同経営体」を組織する動きが、1990年代ごろから顕著にみられるようになってきた、ということである。

そのような組織が農地の利用、特に地域内農地の包括的管理をも担うものとして活動することには、「社会的企業」や「地域共同経営体」一般が抱えざるをえない困難に加えて、農業の協業化にからむより大きな困難が伴う。それは農業協業化の苦難の歴史をみれば明らかであろう。それにもかかわらず右記のような取組みが可能になってきているのには次のような事情が関係しているものと思われる。

まずは、中山間地域における稲作の条件(経営的条件)が、個別の農家にとって水稲栽培をする経済的メリットが見いだせないほどに悪化していること、加えて地域社会の危機が目に見える形で現われてきたことが決定的な意味をもっている。そして、そのなかで地域社会を守るということが大きな力をもってきたのである。集落営農や集落的農業法人を運営するには、善し悪しを別にして、経済的次元を超えたところで地域の公益性を支える人びとの存在が必要とされている。管理業務を担う人に一般的なレベルでの給与が支払われていることはまれであるし、農作業のオペレーターにはそれなりの賃金が支払われることが多くなっているとはいえ、やはり「村仕事」的な意義づけのもとに参加が確保されている。単なる経済行為ではなく、地域の農地を守る、地域の生活を守るとの意味づけがあってはじめて組織が維持されているのである。

農家の意識の変化という意味では、農地に対する家産意識が消えてはいないものの急速に薄れ、農地を売ることへの抵抗感が小さくなってきていることもあげておく必要があろう。自分の田の米以外は食べたくないというような感覚も強くはなくなった。このような意識の変化は農業経営条件の悪化だけでは説明できないが、農業協業化を容易化する要因であることは間違いない。さらに、協業的農業への参加を確保するという意味では、一般的に環境への意識が高まり、農地保全を環境との関係で積極的に意義づける意識が定着してきていることもプラスに働いているように思われる。そのことと も関わってか、農業への見方も昔に比べれば積極的なものに変化してきている。豊かな自然環境のなかで自律性の高い活動としての農業を行ない、それは環境の保全など社会的に積極的な意味を持つという感覚である。

もっとも、今回取り上げたような地域は実は少数派であり、条件の悪い中山間地域においては危機の前になすすべなく活力を失っていく地域のほうが多い。集落による取組みを支援するだけでは中山間地域の農業問題を解決することはできない段階にある。

4　中山間地域農業への政策的支援と農地制度改革

耕作放棄地の増加として現われる中山間地域の農業問題に対処するためには、今日においては、集落の維持・存続の危機に対応する総合的な施策が必要になっている。そしてそこでは、生活ミニマムの保障の視点が重要であると思われる。特に教育・医療の保障が適切な水準でなされれば、中山間地域においてはそれほどの現金収入がなくとも生活が成り立ちうるから、その生活は相当に魅力的なものになりうる。

産業支援においても、やはり農業だけでなく地域に応じた様々な産業を念頭においた支援が重要である。特に林業の再生が中山間地域再生の鍵といっていいであろう。ただし、単純な林業の再生ということではなく、多様な山の利用としての林業の再生である。これはまた、トータルな「里」の維持にもつながり、食料自給だけでなく、水、環境、景観、防災といった意味づけをも可能にする。

中山間地域の農業における条件不利性に対処するための施策としては、なんといっても「中山間地域等直接支払制度」が重要である。中山間地域のような条件不利地域に対する法律としては、山村振興法（1965年）や過疎法と略称される一連の法律（1970年）など、公共施設整備の助成などハードの整備を手法とするものがあったが、「中山間地域等直接支払制度」はそれらとはまったく発想の異なるものである。

1992年に農林水産省から公表された「新しい食料・農業・農村政策の方向」、いわゆる「新政策」は、WTO体制下での日本の農業政策の方向を定めるもので、「市場原理、競争条件の一層の導入を図る」とする一方で、食料自給率低下を問題にし、農業の多面的機能を積極的に評価するなど、少なくとも理念的にはそれまでとは大きく異なる政策の方向を提示していた。この方針のもと1999年に成立した「食料・農業・農村基本法」は、35条で、中山間地域等においては地域の特性に応じて農業その他の産業の振興による就業機会の増大、生活環境の整備による定住の促進その他の施策を講ずること、および農業の生産条件に関する不利を補正するための支援を行なうこと等により多面的機能の確保を特に図るための施策を講ずることを、国の義務として課している。そして、本基本法制定の過程で中山間地域等への直接支払制度の導入が政策課題として浮上し、2000年度から「中山間地域等直接支払制度」が導入された。

この制度は、「耕作放棄地の増加等により多面的機能の低下が特に懸念されている中山間地域等において、担い手の育成等による農業生産の維持を通じて、多面的機能を確保する観点から」（「中山間地域等直接支払交付金実施要領」）、一定の要件を満たす中山間地域等の条件不利地域において、多面的機能を増進する活動をも含む事項について取り決めた集落協定に基づき、農業生産活動を5年以上継続する農業者等に、基本的には協定対象農地の面積に応じた（加減算あり）交付金を支払うというものである。若干の制度変更を伴いながら、現在は第3期対策（2010〜2014年度）が行なわれている。

この制度は、集落協定を軸としており、実質的には「地域資源管理費補てんを軸とする集落機能維持活性化助成金」として機能しているといわれている。(6) そのような意味で、中山間地域農業の条件不利性を補償するという論理は薄まっているが、集落機能の維持を梃子として農業の継続や農地管理の維持を図るというのは、日本の稲作農業における共同性の必要性ということに加えて、先にみたような中山間地域問題の現状からしても妥当なものと評価できる。ただし、それだけに限ると多くの集落がそこから抜け落ちることにならざるをえないから、これとは別の形での中山間地域農業等の全体的な底上げのための支援策も必要である。2010年度から米について先行導入された農業者戸別所得補償制度は、支給水準が高ければ農業全体の底上げという意味を持ちうる。しかし、農産物の貿易自由化の梃子としての意味づけを持たされているとすれば問題であるし、政策論理の整合性の問題等も含め、安定的な制度として継続しうるか未知数である。

中山間地域の耕作放棄地問題に影響を与えうる農地管理制度の近年における動向としては、「新政策」を受けて1993年に制定された特定農山村法の農林地所有権移転等促進事業と、2009年の農地法改正における遊休農地対策の強化策が重要である。前者は、転用も含めた農地の権利移動を容易化する措置を定めており、市町村等の姿勢しだいでは転用促進法に転化するおそれがあるとの危惧も表明されているが、耕作放棄地対策という意味をも持ちうるものであることは間違いない。後者は、遊休農地に対して指導、通知、勧告という段階を経て最終的には利用権設定を強制できるようにするとともに、所有者が不明である農地の利用を可能にする措置などを内容としており、これも一定の効果を持つことは確かであろう。

しかしながら、先にみたような現在の中山間地域の状況をみるなら、そして特に条件が悪い中山間地域を想定するなら、遊休農地の所有者にいくら圧力をかけても耕作放棄地対策としてそれほど大きな効果を発揮するとは考えられない。耕作放棄地問題からは一見すると遠い手段であると思われるかもしれないが、今必要とされているのは、中山間地域における農業経営条件をも含めた生活条件の改善であり、農地制度改革ではない。

注

（1）橋口卓也『条件不利地域の農業と政策』（農林統計協会、2008年）が説得的に論じている。

（2）以上のデータは、農林水産省「中山間地域等直接支払制度の最終評価―参考資料―」（平成21年8月6日）および食料・農業・農村基本問題調査会・農林部会（第4回）資料「中山間地域の位置づけと中山間地域農業のあり方について」（平成9年9月）による。土地生産性は1996年、急傾斜地水田の割合は2001年、その他は2005年時点の数値である。

（3）北川太一編著『農業・むら・くらしの再生をめざす集落型農業法人』（全国農業会議所、2008年）

第2章（北川執筆部分）は、「集落型農業法人」についての展開プロセスについて検討しており、「地域の農地保全や農業の維持を目的として設立されたもの」、「地域の生活防衛や地域社会の再構築を目的とするもの、「農業（特産）および関連事業の振興を目的として設立されたもの」の3タイプに分類している。

（4）島根県農林水産部農業振興課「集落営農の成立経過と実体からみた今後の課題」（2000年）、および楠本雅弘『進化する集落営農』農山漁村文化協会、2010年、17～24ページ、221～227ページによる。

（5）京都における法人化の背景や展開過程について、北川編前掲書第1章（北川・濃野二三男執筆部分）および第2章（北川執筆部分）参照。

（6）田代洋一『農政「改革」の構図』筑波書房、2003年、181ページ。以下の評価についてもこれに負うところが大きい。

第7章　女性農業者からみた農業経営と農地所有

1　はじめに

近年、農村に暮らす女性たちの様々な活動が、厳しい環境にある農業の現場を活性化させている。農業経営への共同参画や部門分担において力を発揮する女性、直売所や農産加工、グリーン・ツーリズムなどの起業活動で地域活性化に貢献する女性、そして農業委員、JA役員、各種審議会委員等として地域の方針決定の場で新たな視点で政策立案・提言を行なう女性など、その活躍は目覚ましい。本書の主題である「地域農業再生」、「むらと農地」の持続可能性を展望するうえで、農村を支える女性の力を無視して論ずることはいまや難しいだろう。

例えば、筆者がよく訪れる福島県飯舘村もこうした地域の一つである。同村では、2004年に

「飯舘村第5次総合振興計画――《までい》ライフいいたて」を策定してユニークな地域づくりに取り組んでいる。《までい》とは、古くから使われてきた方言で、「じっくりと」「ていねいに」「心をこめて」を意味するという。地域の人びとは親や年寄りから「食い物は《までい》に（大切に）食えよ」「子どもは《までい》に（丁寧に）育てろよ」「仕事は《までい》に（しっかりと）しろよ」と教えられてきた。

広域市町村合併が国の主導で推し進められるなかで、周辺自治体との合併ではなく、自立の道を選んだ飯舘村は、長期総合計画の基本理念を「飯舘流スローライフ＝《までい》ライフ」と位置づけ、地域独自の伝統や風土をもとに都会の借り物ではない新たな暮らしの価値観（「《までい》ライフ」）を再構築し、またそれを土台とした「《までい》ブランド」による地域活性化を目指している。

このような、きわめて先進的な計画づくりの原動力となったのは、同村で以前から取り組まれていた「若妻の翼」等をはじめとする「人づくり」施策と、そのプロセスから誕生した個性豊かな女性リーダーたちの存在であった。村の特産の和牛生産やトルコキキョウ等の花卉経営に主体的に参画する女性、新商品の開発など農産加工や直売所活動のいっそうの活性化に取り組む女性、さらには体験工房、農村レストラン、農家民宿といった新たな起業にチャレンジする女性など、女性が中心となった数多くの取組みが地域に活力を与えている。

女性農業者が生産・生活双方の側面から地域を支える力を発揮している事例は、飯舘村ばかりではなく全国各地に広がっている。以下では、女性農業者らが主体的に創り出そうとしている農業生産や農村生活の新たな展開を念頭に置きながら、とくに農業経営および農地所有をめぐる制度的課題について検討を加えていくこととしよう。

2　家族経営における女性労働
――「見えない働き」を「見える化」する

冒頭に述べたように飯舘村では多くの女性起業が生まれているが、その一つ「気まぐれ茶屋」は、農家の佐々木千榮子さんが２００５年に開業したレストランである。千榮子さん手づくりのどぶろくのほか、凍みもち、じゅうねんなどの山の幸をふんだんに使った料理が多くの来訪者をひきつけ、飯舘村の活性化に大きく貢献している。

彼女が起業を考えたきっかけは市町村合併問題であったという。当時、飯舘村では合併の是非をめぐり村内が大きく揺れていた。合併に当初から反対だった千榮子さんは、村が２００４年に合併協議会からの正式離脱を表明し、自立の道を選んだとき、「村が合併せずに自立してやっていくのなら、村が元気になるために自分も何かしなければ」と思い、還暦を間近にひかえての起業を決意した。以前から得意だった農産加工技術を生かすため葉たばこ倉庫を改装し、飲食業営業許可を取得して「気まぐれ茶屋」を開業した。

飯舘村では、地域おこしの一環として、小泉政権（当時）のもとで導入された構造改革特区制度を活用したいわゆる「どぶろく特区」を申請し、福島県内で初めて認定を受けた。村内にはどぶろく製造に関心をもつ住民が千榮子さんを含めて数名いたが、特定農業者による濁酒製造事業（酒税法の特例）の認可を受けるためには、①民宿やレストランなど酒類を提供できる場を営み、②その特区内において自ら栽培した米を用い濁酒（どぶろく）を製造できる農業者、という条件を満たさなければならない。千榮子さんはすでにレストランを開業していたので、①は問題なくクリアできた。

問題は②であった。千榮子さんは嫁いで以来、夫とともに長年農業に従事しており、その意味では千榮子さんが「自ら栽培した米」であることに間違いはない。とはいえ、その水田の所有権者、生産された米の出荷者、および税金の申告者等はすべて夫の名義であった。この点をめぐって千榮子さんは、濁酒製造事業の認定のためにやってきた税務署員と言い合いをしたという。

「自分の田んぼはありますか？」と尋ねる税務署員に対し、「あるはずねえべ、嫁なんだから！」「一緒に農家の仕事をしているんだからいいでしょ？」と食い下がったものの認められず、夫との間で農地の賃借権を設定することを条件に、ようやく濁酒製造免許が交付されることになったという。

このやりとりからも、世帯を単位とした農業経営において、女性がいかに自家の農業経営に主体的に参画し、その維持と再生産に重要な役割を果たしていても、制度上その活動はきわめて「見えにくい」ことがわかる。

こうした問題は、女性が家族従業者として世帯の枠の中で与えられた農作業に従事し、また女性自身がそのことに充足している限りにおいては、生じなかったかもしれない。しかし、女性農業者が本人名義で新しい事業や活動の主体となってたちあらわれようとするとき、女性の「見えない」働きを制度上いかに「見える化」していくかが大きな課題となる。

家族経営協定は、その意味で女性の働きを「見える化」する有力な手段の一つであろう。家族経営協定とは、世帯員が経営方針や役割分担、収益配分、労働時間や農休日、扶養・介護等について農業委員会等の立ち会いのもとに文書協定を結ぶことによって、家族経営の近代化を図ろうとするもので、行政の積極的支援もあり、平成20年現在、締結農家数は4万6663戸にのぼり、平成8年の5335戸と比較しても大幅に増加している。

家族経営協定で夫婦や親子による共同経営を明記した場合、その経営は欧米におけるパートナーシップ経営（一経営複数経営者）に近い経営実態をもつことになる。しかし、現行税制では、家族による共同経営が実態として認められる場合であっても、「一経営一経営主」が原則とされ、経営の損益は一人の経営者に帰属し、その経営者が事業所得を申告し、課税されることになる。たとえ家族経営協定が家族間で有効に成立し、「一経営複数経営者」型家族経営を取り決めているとしても、協定の効力が税制の領域に及ぶことはない。

また、家族経営協定は、女性名義の流動資産（預貯金等）の確保には効果的な役割を果たしている一方で、固定資産（不動産）の名義は男性経営主が有していることが多く、夫婦間での農地の分割所有や共有化、親世代との養子縁組に基づく夫婦間での資産の分割相続などの取組み等については今後の課題である。協定事例のなかには、例えば「後継者の配偶者にも相続権が移るように養子縁組を行なう」旨を協定に盛り込んだものもみられるがまだ少数であり、財産・相続の問題、土地所有の問題にはなかなか踏み込めない点に、家族経営協定の課題がみえてくる。

3　女性農業者と農地所有

農業経営における女性の参画は、家族経営協定等の普及により進んではきたが、農地所有に関してはどういう状況にあるだろう。

女性名義の財産に関するアンケート調査結果によれば、[1]自己名義預貯金をもつ女性の割合は71・7％にのぼる。一方、自分名義の農地をもっている男性は83・1％であるのに対し、女性は8.6％と、10分の1にも満たない。宅地の名義も経営主世代男性に集中しており、不動産所有に関する男女格差は大きい。

また、女性が農地を所有することへの意識をみると、「自分名義の農地を増やしたい、新たに持ちたい」とする女性は、経営主世代女性で40歳代28・8％、50歳代20・3％、60歳代8.4％、後継者世代女性では20歳代12・2％、30歳代10・5％、40歳代14・3％となっており、40〜50歳代の経営主世代女性の2〜3割は自分名義の農地をもちたいと回答している。この調査の回答者の多くは専業的販売農家が占めていることを考慮する必要があるだろうが、自らの起業の足がかりとして、あるいは、これまで頑張って働いてきた証として、自分名義の農地をもちたいと思う女性農業者は、潜在的にはけっして少なくないように思われる。[2]

こうした思いをもつ女性が現実に現われているなか、自分名義の農地をもつことを阻む制度的障害への異議申し立てもまた現場の女性たちから提起されている。

その一例をあげれば「くまもと女性農業委員の会」は、女性名義の農地取得をめぐる事業の運用改善に大きな役割を果たしている。熊本県内のある女性農業委員が、「ダイヤモンドはいらんけど、1枚くらいは自分の田んぼが欲しい」と、2001年に自分名義の農地を買おうとしたときのことである。農地の売り手は「農地移動適正化あっせん事業」の名簿に登載されている相手に譲ると所得控除が受けられるが、当時は原則として一経営体から一経営主とその後継者しか名簿に登載できず、結局彼女の夫名義で農地を購入する結果となったという。「共同経営で夫と同様に働いているのに」と疑問をもった彼女が、その経緯を農業委員会の研修会で報告したのをきっかけに、「くまもと女性農業委員の会」は「夫とともに農業経営に参画している女性が農地を取得する場合の売り手への優遇措置に関する要望」を決議し、農林水産省に対し要望書を提出した。それが実を結び、2003年6月、家族経営協定の締結等一定の要件を満たした場合は、女性農業者も経営主とともに認定農業者になる道が開かれた（経営局長通知「認定農業者制度の運用改善のためのガイドラインについて」）。そして、①農産物の出荷者名が共同名義となっているか、もしくはそれぞれが出荷者となっている経営部門が実際にあること、②収入の分配について明確に規定されかつ実施している場合には、夫婦がともに共同経営主であると認められ、妻もあっせん譲り受け等候補者名簿への登録を受けられることとなった。

女性農業委員のネットワークが行政を動かす大きな原動力となったこの事例は、女性の社会参画と連帯の重要性をあらためて確認させる。

こうした女性農業者の声を政策につなぐ意味でも、集落、農業委員会、JA、市町村議会といった地域社会の方針決定の場への女性農業者の参画はきわめて重要であるが、「家族内のジェンダー規範は変化しても、地域の秩序はジェンダー規範も含めて変化しにくい(3)」という指摘もある。とくに集落レベルでは、各人の発言は「各戸の意思」を代表する発言とみなされ、女性が自分の意見を自由に表明するのはなかなか困難であるといわれる。女性のエンパワーメントだけでは変化しにくい「地域ジェンダー秩序という大きなハードル」を越えるには、ポジティブアクションの導入をはじめとして、行政等の公的機関が地域社会での女性の発言の場をよりいっそう確保するように意識的に働きかける必要があろう。例えばはじめに紹介した飯舘村では、総合計画策定において徹底した住民参加の手法を用いており、集落レベルの地区別計画の策定にあたっても、各集落の委員数は男女同数とし、女性の意向をできるだけ反映させる仕組みを取り入れている。実際に、飯舘村における住民参加の実践は、女性が地域社会の方針決定の場に正規のメンバーとして加わることで、具体的な地域意思の決定過程や既存の政治構造に対して一定のインパクトをもたらしうることを示している(4)。

4　農地法の世帯主義と女性農業者

農地に関する権利移動を統制する農地法では、わが国の農業経営の大部分が家族＝世帯を単位として行なわれている実態を反映し、農地の権利の設定・移転にあたっては、農地について権利を有する名義人についてのみ判断するのではなく、その名義人の属する世帯を基準として判断することとされている（世帯主義）。すなわち権利の設定・移転を行なう場合の許可は、農地の受け手――男性でも女性でもかまわない――が農地を効率的に利用するかどうかについて、受け手の世帯員を含む農業経営状態や経営面積を審査して判定されることとなる。

農地法にこの世帯主義が導入されたのは戦後農地改革に端を発する。第一次改革の際は、地主の土地保有限度は個人単位で定められていたため、その内容が明らかになると家族内で土地の分配が盛んに行なわれる事態を招いた。そこで、第二次農地改革では、保有地面積計算を個人単位から世帯単位に変更することで、耕作農民に対する解放地面積の増加が図られたのである。この世帯主義は農地法の成立とともに全農地に及ぶことになる(5)。

かかる世帯主義の原則は数度の農地法改正を経た今日においても維持されているが、その中身は時代に応じて変化している。例えば、1970年の農地法改正以前は、農地に関する権利の移動が認められない場合の一つとして、「……権利を取得しようとする者及びその世帯員がその農地又は採草放牧地について耕作又は養畜の事業を行わないと認められる場合」（傍線筆者、以下同じ）をあげていたが、70年の改正では、「……権利を取得しようとする者又はその世帯員がその取得後において耕作又は養畜の事業に供すべき農地及び採草放牧地のすべてについて耕作又は養畜の事業を行なうと認められない場合」とされた。(6) また、同じく70年の改正では、「権利を取得しようとする者又はその世帯員がその取得後において行う耕作又は養畜の事業に必要な農作業に常時従事すると認められない場合」は、権利移動が許可されないという文言に修正された。兼業化の深化や農業技術の進展を背景に、「世帯員」のうちの誰かが耕作または養畜の事業を行ない、必要な農作業に常時従事していれば、権利の取得が認められることとなったのである。

なお、農地法では、「耕作又は養畜の事業を行う者」＝「権利を取得しようとする者」としているわけではなく、「事業を行う者」とその「世帯員」との間に農地取得や利用に関する差別的な規定が設けられているわけでもない。権利移転の最小面積要件との関係でも、世帯員の各々が使用収益権を有する農地の合計面積が、その最小面積要件を充たせば権利移動の許可ができる（3条2項5号）とされている。農地法の規定が先ほどみた「あっせん基準」のごとくダイレクトに女性名義の農地取得の桎梏となっているわけではない。

しかし、現実の運用の段階では、農地所有者＝経営主＝男性という固定的意識と相まって、女性の権利設定に関して差別的な取り扱いがなされることがあるのもまた事実であり、現場レベルでの農地法の正確な理解に基づく運用が求められるところである。(7)

また、農地法の世帯主義では、一人の「耕作又は養畜の事業を行う者」と「世帯員」（家族従業者）による家族経営を前提とし、それに対応するように農地の所有や利用の関係を規定している。今日の家族経営の実態をふまえるならば、家族内の「世帯員」ひとりひとりの地位をより明確化するような、一種の経営組織法（それを農地法に盛り込むかどうかは別の検討課題となるが）を考えるべき時代になっているようにも思われる。

わが国でも、1992年の新政策以降、「法人化の推進」が政策目標として打ち出された際、法人化のメリットの一つとして、就業時間、報酬等の就業条件の明確化によって女性の地位向上が果たされるといった議論がなされたことがある。また最近では、新たに制度化されたLLCやLLP等の組合形式を活用して夫婦パートナーシップ経営の実態を法的に位置づけようとする事例もみられる(8)。しかし、他産業と比較しての農業の特殊性や家族経営の適合性等を考えるならば、家族による農業経営に適した特有の組織形態を積極的に構想することも一つの方向であろう。

例えば、フランスでは、構造政策の一環として女性農業者の法的地位を明確化する法制度がすでに1980年代から整備され、多数の女性農業者が自らも経営主または共同経営者たる地位を保有しているという(9)。わが国においても、家族経営の充実と発展に向けて、家族経営を内部から組織的に整序することで、それが社会的にも認知されるような法制度の構想が望まれよう。将来の担い手像をめぐって政治的に迷走しているなか、日本農業・農村を担う基本的な担い手像を確定する上でも、家族経営の社会的承認と支援のための制度化が求められるのではないだろうか。

5 新たな「血縁」関係の再構築

周知のように戦後民法によって家制度は否定され、民主的な家族制度が創設されたが、農家については戦前からの三世代世帯の形態が維持されており、その家父長制的特徴がしばしば批判されてきた。しかし、急速な都市化のなかで、農家の家族関係もまた大きく変化している。すでに個の忍従により（それは多くの場合女性であった）家族が維持される時代は終わり、個を制約するような家族は逆に捨てられていく時代となったといえよう。

今般の農地法改正では、「世帯員」の定義が改正され、従来の「住居及び生計を一にする親族」のほか、「当該親族の行う耕作又は養畜の事業に従事するその他の二親等内の親族」も含まれることとされた（2条2項）。世帯員の範囲については、改正前は生計を一にする同居者に限られていたが、後継者の結婚を機に親世代と住居や生計を別にするような生活形態が近年広くみられるようになったことから、住居及び生計を一にする親族以外の家族農業経営従事親族を含めることとしたという。その結果、旧法上の「世帯員」は「世帯員等」に改められた。これに対しては、「農業経営の実態と生活慣行の変化との両立を図ったもの[10]」という積極的評価がなされている。一方、「世帯員等」の範囲が二親等まで拡大されたことで、従来夫の親と同居し農業従事を続けてきた配偶者の位置づけが、例えば相続等の局面で相対的に弱まり、経営への貢献度が適正に評価されにくいことなどが懸念される。いずれにせよ、「世帯員等」の間でのきめ細かい話し合いと合意形成への丁寧な努力が必要なのはいうまでもなく、その意味で家族経営協定は、世帯員の範囲拡張に伴ってますますその真価が問われることになるであろう。

その家族経営協定も、行政による積極的な支援もあって、役所のひな形そのままの協定文書は少なくなり、各々の経営目標や家族への思いを盛り込んだユニークな事例が目につくようになった。家族経営協定は、協定参加者それぞれが自己実現を図るための目標、ルールづくりであり、各々の存在を全員で認め合い、いたわりあい、励まし合う手段である。「協定は、家族間のラブレター」といわれるのはそれゆえであろう。

家族の絆がゆらぎ、「無縁社会」ともいわれる現象が進行する現代の時代状況の中、家族間で地道にコミュニケーションをはかり、個々の自己表現への相互承認のうえにたって、人間関係調整能力を存分に発揮して家族協業のあり方を決定していこうとする農家家族の実践は、新しい「血縁」関係の構築に向けた最前線の取組みとみることもできるのではなかろうか。

6　むすびにかえて

これまで、農村の男女共同参画関連の政策文書では、「農業就業人口の過半を女性が占め」という表現がよく使用されていた。確かに、１９６０年には農業就業人口の58・８％を女性が占め、以降およそ30年間は60％台を維持していたものの、その後１９９５年には57・3％、２００５年には53・3％と漸減し、２０１０年には49・9％とついに5割を切った（農林業センサス）。かつての「三ちゃん農業」世代のリタイアを迎え、高度経済成長期に日本農業を支えてきた女性労働力の減少が顕著にみられるようになったのである。

一方で、新規就農者の動向をみると、ボリュームとしてはいまだ小さいものの、全体の約4分の1を女性が占めている。なかでも東北6県の新規就農者については、２００６年以降増加傾向にあり、女性の就農者もじわじわ増えているという。[11]国や自治体による各種Ｉターン促進施策の効果もあってのことであろうが、食の安全性や環境問題をきっかけに農の世界に関心をもち、農業を自らの職業として選択したいと考える女性が少しずつではあるが増えているように思われる。農業サイドも、農産物価格の大幅な下落を背景に、付加価値の増大に向けた経営展開が求められるなか、いわゆる「六次産業化」というスローガンに示されるような農業の複業化――農業生産に加えて、農産加工、販売、調理、顧客へのホスピタリティなどの面で、女性のもつ技術やセンスに期待が寄せられているのも事実であろう。

彼女たちはまさに、農業を自分自身の職業として主体的に選択した貴重な担い手候補である。農業という仕事や農村での暮らしに誇りをもって従事することができるような支援が必要なことは（もちろん男性の新規就農者への支援も同様である）、日本農業と農村の維持・発展にとっていうまでもない。

最後に、本稿で取り扱った「女性農業者」という呼称についてふれておきたい。この用語が政策文書等で使用されるようになるのは、1996年の農業者年金法改正の検討過程——農地名義を有しない女性でも、夫とともに農業に専従し、家族経営協定を通じて経営者の一員としての地位を明確にした場合は年金加入の途が開かれた——においてであるという。したがって、「女性農業者」という用語からは、「家族とともに農業経営に専従している」女性像、とくに「構造政策に沿って大規模化を目指す農業経営体の一員としての女性」像が強調されやすい。

しかし、改めていうまでもなく、農村を構成しているのは家族とともに農業経営に専従している女性ばかりではない。夫や親は他産業に従事し単独で農業経営の主体となっている女性もあれば、自分の家族とは無関係に他の経営や農業法人の雇用労働者として農業に従事している女性もいる。また、夫を亡くし、一人で農地を守っている女性もいれば、結婚というかたちでの新規就農ではなく、自らが経営主となるべく新規参入してくる女性もいるだろう。それぞれの女性の置かれた多様な状況をふまえたうえで、彼女らが生産・生活それぞれの場で直面している諸問題を検討するところから、支援方策をねりあげていくことが求められる。

以前もふれたことだが[12]、昨今の農政においては、貿易自由化を既定路線とし、競争力のある農業経営体の創出こそ喫緊の課題であるとして、そのための一方策として女性農業者の地位の明確化を政策的に位置づけている向きがある。女性農業者個人の経営参画・農地所有に関わる権利の保護が重要な課題であるのは間違いないが、かかる権利主張が実現しても、農家経営をとりまく既存の資本主義的市場条件そのものが残り続ける以上、逆にかかる資本主義的諸関係のなかに女性があらたに「個人」として投げ込まれることになろう。

ネオリベラリズム的なジェンダー政策は、市場万能主義と親和性をもち、人間の労働と生活を徹底的に生産性、効率性、利益の拡大に結びつけ、人間やその生活を分断しがちである。しかしながら、生産と生活の有機的結合という特性を有する農村においては、むしろエコフェミニズムと親和的な価値観をもつ女性が多いことからすれば、彼女たち自身のエンパワーメントをめざす活動のなかから、オルタナティブな社会のあり方を模索する動きが出てくることを期待できるだろう。

例えば各地で取り組まれている農村女性起業は、専業兼業を問わずさまざまな立場の女性たちの参加により活性化しているが、女性起業グループはたとえ営利法人化した場合であっても、出資・経営・労働の一致を強く志向し、メンバーの平等性や相互扶助的関係性を重視する特徴をもつことが多い[13]。ある女性起業家の「みんな同じように出資し、同じように発言し、同じように働き、同じ時給をもらうのが、わが社のモットー」という言葉は[14]、構成員の平等とその民主的経営への強い志向を窺わせる。このようなメンバーシップの重視こそ女性起業の法人化を特徴づける傾向であり、またむら社会特有の平等性の原理とも相通ずる部分があろう。女性の参画の支援にあたっても、かかるオルタナティブ性を存分に発揮できるような構想がいま求められているのではないか。

ここで、再び飯舘村の女性農業者を紹介することで本稿を閉じることとしよう。飯舘村農業委員会の前会長であった佐野ハツノさんは、２００６年に「までい民宿・どうげ」という農家民宿の経営を開始した。彼女は「若妻の翼」の第一期生であり、その後は農業委員として長く活躍していたが、農業委員会活動を通して「消費者に向けて農業の実際や農村生活の良さを自ら発信することの大切さ」を痛感したという。「それがないと農業者自身の誇りがなくなり、農業意欲が減退してしまう。たんに経済追求のみでは農村の抱えている課題解決は困難」なことに気づいた彼女は、《までい》という言葉に示される農村の暮らしの価値観を都市に発信したいという思いから、農家民宿経営に取り組んでいる。

こうした活動は、農村の生産者と来訪者である都市の消費者との「距離」を縮め、相互が地域の食文化や環境に直接的かつ具体的なかたちで関わり、関係を取り結ぶことを可能にする。こうした消費者との豊かな関係づくりを軸に、農家・農村の主体性を回復させようとする取組みは、すでに全国各地で始まっている。

かかる農村・都市交流を通じて、農業は単なる産業の一つではなく、環境・景観保全といった多面的機能を有する公共性の高い営みであることが広く都市住民との間で共有されれば、わが国における農業・農村の位置づけも変わってくるように思われる。そしてまた、大地に根を張って生き抜こうとする女性農業者たちと、広範な都市住民との間に生まれるこの共感とネットワークの中にこそ、真に女性農業者の権利を守ることのできる新しい制度の構想が出現する可能性を期待できるのではないだろうか。

【追記】

本稿脱稿後、福島県相馬郡飯舘村は、２０１１年3月11日に発生した東日本大震災と、続く東京電力・福島第一原発の事故により、大惨事にみまわれた。原発事故に伴う退避区域の拡大、妊産婦や乳幼児の村外退避が続くなか、菅野典雄村長は、政府の一方的な避難要請を批判するコメントを出しながらも、放射性物質による土壌汚染の現状に鑑み、「耕作者の責任として」、今季のすべての農作物の作付を見送る旨表明した（「読売新聞」4月13日付）。戦後最大ともいえる危機のなかにあって「農業者としての誇り」（本稿最終節参照）を《までい》にまっとうしようとする飯舘村の人びとの、いのちの一部である「土地」、その「仕事と生活」、そして長い年月をかけて築きあげられてきた強い「絆」が再生することを願わずにはいられない。（２０１１年4月20日記）

注

（1）上村協子・農村生活総合研究センターらが実施した、女性名義の財産に関するアンケート調査結果。全国販売農家から抽出した５００戸、家族経営協定締結農家２００戸の７００戸を対象。専業的農家が7割を占める。経営主世代の6割が認定農業者。上村協子『相続にみる女性と財産　平成14―15年度科学研究費報告書』２００４年、75ページ。

（2）例えば「全国農業新聞」２００９年9月25日、第9面「進む　女性の農地購入」では、自分名義で農地を購入した女性が取り上げられ、「起業したくて自分名義の農地がほしかった。自分の農地があることで、やる気も出るし、責任も持てた」「農業での意欲につながる。一緒に働く夫とともに農地を持つことが当たり前になったらいい」「働いて得た報酬が目に見える形の農地になった。一人前の職業人という気がして誇りに思う」等の意見が紹介されている。

(3) 秋津元輝他『農村ジェンダー』昭和堂、2007年、218ページ。

(4) 松野光伸「市町村合併と自治の主体形成――福島県飯舘村の事例に即して」『月刊社会教育』48(7)、2004年などを参照。

(5)「この世帯主義は……『いえ』的農地所有というジェンダー問題を抱え込むことになった」という指摘がある（田代洋一『新版農業問題入門』大月書店、2003年、58ページ）。

(6) この点については、中安定子「農業経営の担い手としての女性と農地」（『農業と経済』1992年12月号）17〜18ページでも指摘されている。

(7) 例えば、権利移転の最小面積要件との関わりで女性の世帯員の農地取得を認めないケースや、女性に対しては農地のあっせんをしないという慣例がある農業委員会もみられるという。また、農地法では、世帯員間での賃貸借設定を認めており、これは農地の所有名義をもたない女性農業者の耕作権保障という観点からも重要であると思われるが、これも家族間における農地の権利設定の許可申請は取り下げるように運用の段階で指導するといったことが行なわれてきたようである。高木賢監修『女性農業者のためのQ&A』（社）農山漁村女性・生活活動支援協会、2004年、19、22、27ページ。

(8) 新規就農者夫婦によるLLP組織化の経験について、杉本衛風「家族農業経営のLLP（有限責任事業組合）の活用」（『農政調査時報』560号、2008年）のほか、内山智裕「家族経営協定の理念を生かした組織形態LLPの導入」（社）農山漁村女性・生活活動支援協会『平成20年度家族経営協定のさらなる推進のために』（２００９年、50ページ）を参照。
（9）原田純孝「経営主体としての〈家族農業経営〉の位置と可能性――日仏の比較のなかからの考察」『農業法研究』39、２００４年、80〜81ページ。
（10）高木賢『詳解新農地法』大成出版社、２０１０年、28〜29ページ。
（11）「朝日新聞」２０１０年11月2日東北版「『農業女子』じわり定着　生産から加工販売まで　田畑に新風」。同記事によれば、２００９年は男女別の統計がない青森を除く5県で女性の新規就農者数は99人と、66人であった２００６年の1.5倍となっているという。
（12）拙稿「家族経営における女性の地位―生産と生活の視点から」『農業法研究』40、２００５年、同『女性の参画と農業・農村の活性化』全国農業会議所ブックレット、２００５年など。
（13）拙稿「オルタナティブワークとしての農村女性起業」『農業と経済』70-15、２００４年。
（14）藤森文江『「食」業おこし奮闘記』農文協、１９９９年、72ページ。

第8章　株式会社参入問題の経緯と現状

1　株式会社の農業参入問題の経緯

株式会社の農業参入問題が初めて提起されたのは、農水省が1992年6月に省議決定した「新しい食料・農業・農村政策の方向」（「新政策」）においてである。ガット・ウルグアイラウンド農業交渉決着（93年12月）の前年である。来るべき農産物の市場開放に対応し農業構造改革を促進するため、「効率的・安定的な経営体」の育成を掲げ、その一環として農業生産法人の仕組みの整備と株式会社の農地取得問題が取りあげられた。この段階では株式会社の農業参入論は退けられ、「株式会社一般に農地取得を認めることは適当ではないが、農業生産法人の一形態としての株式会社については、農業・農村に及ぼす影響を見極めつつさらに検討を行う必要がある」とされた。

経団連が「株式会社の農地取得の段階的解禁」を要求（97年）

これ以降、経済界や政府の行政改革委員会（規制緩和小委員会）から、①農業生産法人の構成員要件の一層の緩和、②農地法の耕作者主義の見直しの要求が繰り返された。経団連は97年9月、「農業基本法の見直しに関する提言」をまとめ、株式会社の農地取得の段階的解禁を求めた。農地転用規制の強化を前提に、第一段階は農業生産法人の出資要件の大幅緩和（株式会社の出資を可能とする）、第二段階は借地方式による株式会社の営農容認、最終の第三段階は一定の条件下で株式会社の農地（所有権）取得の容認―というシナリオである。この問題は、新しい食料・農業・農村基本法を検討する「食料・農業・農村基本問題調査会」での大きな論点となり、98年9月、「株式会社一般に参入を認めることは合意は得がたい」「農業生産法人の一形態に限り認める」（「調査会」答申）と結論が下された。2000年11月、農業生産法人に株式会社形態を導入する農地法改正が行なわれた。農地制度の規制緩和と株式会社の農業参入問題は、この農地法改正で「一件落着」かと思われたが、その後も経団連の「段階的自由化」提言に沿った議論と経過をたどった。

2000年代に入ってからは、小泉政権下の「構造改革」大合唱の中で、規制改革会議と経済財政諮問会議を舞台に、経済界は一般企業の農業参入を強く要求。この流れに農水省はさらなる規制緩和を受け入れ、構造改革特区法に基づく「農地リース特区制度」（02年12月）、同特区を全国展開した特定法人貸付制度（05年6月）が設けられ、農地のリース方式（賃借権設定）により一般の株式会社など農業生産法人以外の法人の農業参入に途が開かれた。

さらに、経済界等は「農業生産法人以外の株式会社等の法人による農地の取得・保有を認めるべきである」（05年6月、日本経団連）、「株式会社を含め経営主体の如何にかかわらず農地の所有・賃借を自由化し、意欲と経営力のある者が農業生産に参入できることとする必要がある」（05年12月、規制改革・民間開放推進会議「第二次答申」）など、所有権規制も含めた農地制度の自由化にまで要求をエスカレートさせた。こうした背景には、経済のグローバル化と貿易の一層の自由化に対応した国内農業の効率化の必要性に加え、農業の担い手の減少と耕作放棄地の増大を招いたのは参入規制で門戸を閉ざしている農地制度が悪いからだとする誤った認識があった。

特例貸借により株式会社の借地容認（09年農地法等改正）

これら要求の集大成ともいう意見が経済財政諮問会議・グローバル化改革専門調査会がまとめた07年5月8日の「第一次報告」である。WTO交渉を通じた国境措置（関税）の撤廃および引き下げと農業部門における市場メカニズム（自由参入と自由競争）の導入を強調。農地制度について①利用についての経営形態は原則自由、②利用を妨げない限り所有権の移動は自由にするよう要求。農地の利用が担保されるのであれば農地の権利取得は誰でもよいとする「平成の農地改革」を提案した。賃借権取得だけでなく所有権取得も含めた株式会社の農業参入の自由化を求めたものである。この「第一次報告」に農業団体は一斉に反発。全国農業会議所は「権利移動規制の撤廃により農地を一般不動産と同等に扱おうとする内容」であり、「地域における秩序ある農地の利用や管理を行う上で、大きな混乱や不安を招くことになる」と表明し、慎重な検討を求めた。

農水省はこうした動きに対し、所有権規制は堅持する方針を明確にする一方、①の「利用についての経営形態は原則自由」を受け入れる方向に舵を切った。07年11月の経済財政諮問会議に報告した「農地政策の展開方向」で、特定法人貸付制度も呑み込んだ形で農地貸借についての資格制限（農地耕作者主義原則）を特例的に撤廃し、一般の株式会社と農作業に常時従事しない個人の借地を容認、あわせて農業生産法人の出資制限も緩和することとした。これらが以後の農水省の農地制度改革案（08年12月の「農地改革プラン」）、農地法等の改正法案に盛り込まれ、前者は借りた農地を適正に利用しない場合に貸借契約を解除できる旨の条件が付された「解除条件付き貸借」とされた（本稿では、原田純孝・中央大法科大学院教授の規定に従い「特例貸借」と呼ぶ）。

97年に農地制度の段階的自由化シナリオを提言した日本経団連は、農地法等改正法案の内容が見えてきた09年2月、「農地制度改革に関する見解」を発表。この中で一般の株式会社による農業参入（農地所有）については「引き続きの検討課題とする」と明記。経済界は所有権規制の自由化を要求し続ける姿勢を明確にした。一方、全国農業会議所は「農地改革プラン」が発表された08年12月3日、全国農業委員会会長代表者集会で「農地政策見直しに関する要請」を決議。①不耕作や転貸を目的とする農地の利用権取得を容認しないこと、②認定農業者等の地域の担い手育成の取組みの障害とならないこと、③将来とも一般の株式会社の所有権取得を容認しないこと、を強く求めた。農地法等改正法案は、当時野党であった民主党の強い修正要求があり、国会で修正され09年6月に成立した。(1)

なお、09年9月に民主党政権が誕生したが、株式会社の参入規制緩和の流れは続いている。政府の行政刷新会議のもとに10年3月29日に発足した「規制・制度改革分科会」で、農業分野については農協改革と並んで農業生産法人の一層の要件緩和を求める「第一次報告書」(同年6月15日)がまとめられた。議論の過程ではゾーニング(線引きによる土地利用規制)制度の強化や農地転用規制の厳格化を前提に「農地法の規制廃止」を求める意見まで出された。

2　株式会社の農業参入の現状

株式会社の農業参入については、当初は規制緩和による「農業効率化」の要請から注目され、公共事業の減少に対応した地元建設会社の農業参入、最近では国民の食の安全・安心に対する関心の高まりを背景にした流通大手や外食チェーンなどの企業参入が目立ってきている。一方で、「農商工連携」や「農業・農村の六次産業化」が脚光を浴び、原材料供給の役割に甘んじてきた農業・農村サイドが、農外企業と連携協力し販路拡大や加工などにより付加価値を取り込み、雇用の創出や所得の増大につなげようという動きも各地で生まれつつある。09年12月に施行された改正農地法等の特例貸借により一般の株式会社が参入するケースも出てきている。株式会社の農業参入の動きと事例を紹介しよう。

（1）農地リース方式（特区および特定法人貸付制度）による参入状況

一般企業など農業生産法人以外の法人が農業に参入する方法は、09年の農地法等改正前までは、02年創設の「農地リース特区制度」とそれを全国展開した農業経営基盤強化促進法に基づく「特定法人貸付制度」だけであった（法改正後は廃止）。この制度は①遊休農地が多い（あるいはそのおそれがある農地が相当程度ある）地域に限って（地域限定）、②市町村等と協定を結び農業を行なう特定法人が（協定締結）、③市町村等から農地を借りて（転貸方式）参入する仕組みだ。農業の担い手不足を補完し遊休農地の解消対策の一環という位置づけで創設された制度である。政府は06年4月、10年度末までの5年間で500法人の参入目標を決定。09年12月までの参入実績は436法人である（農水省調べ、途中撤退した企業等は含まず）。このうち株式会社が250、有限会社が101、NPO等が85となっている。業種別では35％が建設業、19％が食品会社である。公共事業が減少するなかで従業員の雇用を維持するため地元の建設会社等が参入するケースが多い。営農類型別では野菜が最も多く38％、次いで米麦等が17％、果樹16％。参入法人への貸付農地面積は合計1356haで、そのうち遊休農地は29％、遊休化するおそれのある農地が30％である。企業等が参入した市町村数は204市町村である。注目されるほど企業参入が広がったとは言い難い。農業経営の採算上の問題に加え、耕作放棄地の復元など初期投資を多く必要とするところにそもそも企業の参入ニーズが多いとはいえないからだ。

参入企業の経営状況はどうか。全国農業会議所と農業参入法人連絡協議会が共同で実施した「農外から農業に参入した法人に対するアンケート調査」（08年3月実施、回答82法人）の結果では、参入法人の63％が赤字経営で、黒字と答えた法人は11％である。借り受けた農地の約3分の2は耕作放棄地または条件の悪い農地であった。今後の経営規模拡大の意向では、「拡大したい」が60％、「現状維持」38％、「縮小したい」２％。４割を占める「現状維持」「縮小」意向の理由を見ると、「収益が上がらない」が30％と最も多く、「技術不足」「販路確保が困難」などもあげられている。

参入の動機は何か。日本政策金融公庫が実施した「食品産業からの農業参入に関する調査結果」（10年7月調査、回答２５６８社）で、参入理由をみると（参入企業２４０社と参入を検討している１４１社を合わせた３８１社が二つまで回答）、「商品の高付加価値・差別化」が41・７％と最も多く、次いで「原材料の安定的な確保」（35・２％）、「トレーサビリティーの確保」（27・１％）。これに「原材料の調達コストの低減」（16・５％）を加えたものが経営上の直接的な理由であった。一方で「地域・社会貢献」（23・６％）、「企業イメージのアップ」（17・１％）も多い。参入方法では「自社・子会社が直接参入」が53・８％で、「農業法人を新たに設立」（25・５％）の２倍以上の割合である。直接参入の割合が高いのは改正農地法等が09年12月に施行されたためと思われる。

（2）2009年改正農地法等の「特例貸借」による参入状況

09年の改正農地法等（解除条件付き賃借＝特例貸借）により農業参入した一般の株式会社等は

328にのぼる（農水省2011年1月末まとめ）。改正法施行後1年余りの間での参入としては多いといえよう。業種は食品関連産業が最も多く22％、次いで建設業が16％となっている。改正前のリース特区および特定法人貸付制度を利用して参入した企業等では建設業が一番多かったのと比べると、食品業界の最近の活発な動きを反映している。先にみた旧制度のリース方式による参入を合わせると764法人にのぼる。

（3）主な企業の参入事例

大企業等の農業参入が最近目立ってきている。その主なものを新聞報道などから拾ってみた（表8-1）。いずれも09年の農地法等改正前の制度を活用した参入である。参入方法は二つあり、①従来の特定法人貸付制度を活用して企業自身（多くはその子会社）が直接参入する方法、②子会社として農業生産法人（農地の所有権取得も可能）を設立して間接的に参入する方法である。

企業自身による直接参入

まず、①の直接参入では、首都圏中心に居酒屋チェーン店の白木屋や魚民を経営する株式会社モンテローザ（100％出資の子会社モンテローザファーム）が08年11月から茨城県牛久市で参入し野菜の有機栽培を始めた。自社農場での「より安全・安心でより良質な新鮮野菜」を自社の居酒屋で使う。大規模流通・小売業のイオン（子会社イオンアグリ創造）も同じ牛久市で09年7月に参入し野菜

表８−１　主な企業の農業参入事例

社名	業種	時期	参入形態・社名	取組み内容
カゴメ	食品	99年	農業生産法人等に出資	全国８か所でトマト生産（44ha）
ワタミ（居酒屋和民）	外食	02年	農業生産法人・ワタミファーム	居酒屋、介護施設用の有機野菜等を生産（全国８か所で476ha）
モスフード	外食	06年	農業生産法人・サングレイス	群馬、静岡でトマトを生産（3.8ha）
モンテローザ（居酒屋白木屋）	外食	08年	特定法人・モンテローザファーム	茨城県牛久市から農地を借りて野菜生産（1.9ha）
セブン&アイ・ホールディングス	流通	08年	農業生産法人・セブンファーム富里	千葉県JA富里市と提携。イトーヨーカドー店舗の食品残さを堆肥化し野菜生産（5ha）、店舗販売
イオン	流通	09年	特定法人・イオンアグリ創造	茨城県牛久市から農地を借りて野菜生産（2.6ha）、ジャスコで販売
豊田通商	商社	09年	農業生産法人・ベジドリーム栗原	宮城県栗原市でパプリカ生産（70a）開始。4.2haの施設を完成予定
サッポロビール	飲料	09年	特定法人・サッポロ安曇野池田ヴィンヤード	長野県池田町でワイン用ブドウを生産（借地12ha）
住友化学	化学工業	09年	特定法人・住化ファーム長野	長野県中野市でイチゴ生産（借地1ha）
吉野家	外食	09年	農業生産法人・吉野家ファーム神奈川	神奈川県横浜市で牛丼具材のタマネギ生産（借地32a）
生協ひろしま	流通	10年	農業生産法人・ハートランドひろしま	広島県北広島町で野菜生産、JA広島北部と連携
ローソン	流通	10年	農業生産法人・ローソンファーム千葉	千葉県香取市で減農薬・無農薬野菜を生産（約3ha）、生鮮コンビニ「ローソンストア100」で販売

資料：新聞報道、各社ホームページ等から作成。経営・借地面積はその後、増減していることがある。特定法人は改正前の農業経営基盤強化促進法による特定法人貸付事業に基づく法人。

生産を開始。自社のジャスコで自社生産野菜として販売、全国展開する計画だ。両社とも牛久市の企業農業経営誘致に応じたもの。サッポロビールは09年7月、子会社のサッポロワインと長野県池田町が共同出資して「サッポロ安曇野池田ヴィンヤード」を設立しワイン用ブドウの生産を開始。国産ブドウを使ったプレミアムワイン部門を強化する。農薬・肥料メーカーの住友化学も農業事業子会社を全国に10か所設立し直営農場を経営する計画で、09年9月、最初に長野県中野市に高級イチゴを生産する子会社・住化ファーム長野を設立した。農薬の種類や使用量を開示し自社ブランドで販売する。いずれも本業のイメージアップのため自社農場生産、安全・安心を消費者にアピールする戦略と思われる。企業が直接に参入するメリットについてイオンの役員は、「農家や農協と設立する農業生産法人では、生産の自由度が狭まる。すべてを自社で手掛けるのはリスクは高いが、自由な生産ができるメリットがある」(「毎日新聞」09年7月23日)と述べている。

農業生産法人(子会社)の設立による参入

一方、②の農業生産法人の設立あるいは出資により間接的に参入する方法をとっているのが、外食の居酒屋チェーン和民を展開するワタミである。グループの子会社である有限会社・農業生産法人ワタミファームは、全国8か所(476ha)の直営農場で有機野菜、畜産物を生産。株式会社ワタミファームが販売部門を担い、株式会社ワタミが経営する居酒屋と介護施設で使っている。当初は構造改革特区を活用して03年に子会社の株式会社ワタミファームが直接参入したが、06年に傘下の農業生産法人にすべての農業経営を集約する方式に転換した。転換理由について株式会社ワタミファーム社長は「(農地の）貸借の相手が行政に限定されるため、予算措置が必要など手続きが煩雑で、機動的な対応は難しい。さらに、国の補助を受ける場合、農業生産法人に比べて補助金が低かったり、農業施設の賃貸が農業法人でないとできないケースなどがある」(「日本農業新聞」06年7月5日）と述べている。小売業界ではセブン&アイ・ホールディングスが08年8月、千葉県富里市で傘下のイトーヨーカ堂と野菜専業農家（1戸)、JA富里市が提携し、農業生産法人「セブンファーム富里」を設立して参入した。ヨーカドーの店舗から排出される食品残さや野菜クズをリサイクルした堆肥を使った「完全循環型農業」をめざしている。参入の動機は食品残さ等のリサイクル率アップにあり、食品リサイクル法の改正により12年までに45%に引き上げることを急いだからだ。野菜を露地栽培しヨーカドー店舗で販売している。JA富里市は量販店や商社との直接取引など販路開拓に積極的に取り組んできた経験を生かし、企業と組合員農家との仲介役となり、法人設立に大きな役割を果たした。同社は10年7月、農業事業の統括会社として株式会社セブンファームを設立、各地の農場と外部の肥料工場、店舗をつなぐ全国的なリサイクル網を築く計画だ。

なお、首都圏の千葉県下では中小の野菜輸入・販売業や不動産業、産業廃棄物処理業などの会社が親会社となり農業生産法人の子会社を設立し、農業参入する動きが目立っている。千葉県農業会議が把握している事例から特徴的なものをあげると、①中国野菜の輸入・販売業の親会社が設立した農業生産法人は10年間の賃借権設定で農地を借り大葉を生産・販売、②産業廃棄物処理業者を親会社とする農業生産法人は産業廃棄物処理から発生する植物由来の堆肥を使用して野菜を生産・販売（当初の3年間は賃借権設定、4年目に所有権取得予定）、③東京の不動産会社を親会社とする農業生産法人は宙に浮いた工業団地用地（畑）3.5haを県企業庁から買い取り野菜を生産など。親会社の農業生産法人への出資は総出資額の10％の制限（今回の農地法改正で25％、特例的に50％に引き上げ）があったため、法人が必要とする資金は親会社が融資すると同時に、農業機械や施設までも親会社がリースし提供している。農業生産法人の形はとってはいるものの、実質的な農業経営の主体は親会社といえる。

（4）地域における企業参入の実態

「特区制度」を活用して農外企業等を受け入れた市町村として、鹿児島県南さつま市と香川県小豆島町の状況を紹介しよう。

①鹿児島県南さつま市の「砂丘地域再生振興特区」

南さつま市では04年に「砂丘地域再生振興特区」を申請、海浜地域の遊休農地100haを復元し、農外企業等の参入による農業経営や市民農園の開設により「農村文化公園」を建設する計画を策定。市では耕作放棄されていた海岸沿いの砂丘畑を復元整備し（企業自らが整備するケースも）、農外企業等に貸し付けた。10年4月時点で、地元と鹿児島市など周辺市町から参入した九つの企業等が合計12・2haの遊休農地を借り受け、ラッキョウやサツマイモなどを作付けている（表8－2）。

表8-2　鹿児島県南さつま市での参入企業（10年4月現在）

法人名	所在地	業種	作目・貸付面積	備　考
1	薩摩川内市	砕石・生コン等製造販売	玉ネギ、ニンニク(93a)	04年参入
2	鹿児島市	有機農産物販売	ラッキョウ、玉ネギ、ニンニク、ジャガイモ等(442a)	04年参入、認定農業者
3	鹿児島市	菓子製造販売	サツマイモ、自然薯（65a）	04年参入
4	鹿児島市	生協	市民農園、ラッキョウ、深ネギ等野菜（224a）	04年参入
5	南さつま市	浄化槽、廃棄物収集	ラッキョウ（102a）	04年参入、認定農業者
6	鹿児島市	建設業	ラッキョウ、サツマイモ（58a）	05年参入、認定農業者
7	南九州市	土木、造園	ラッキョウ、サツマイモ（58a）	05年参入
8	枕崎市	土木建築請負業	ラッキョウ（39a）	06年参入
9	南さつま市	建設業	ラッキョウ（139a）	07年参入
合計（9社）			1,221a	

注：南さつま市農林水産課の資料および聴き取りから作成。04年以降、合計17社が参入したが、そのうち7社が撤退、1社が農業生産法人に組織替え。

市では参入企業に対し独自に四つの参入条件を求めた。①安全・安心な農業生産技術体制の確保、②JAとの良好な関係保持、③土地改良区への参画と費用負担、④地域内の葉たばこ生産に悪影響を及ぼすジャガイモ栽培の自粛である。市の担当者は参入効果として、第一にラッキョウの作付けが増え産地基盤が強化され農家に元気が出てきたこと、第二にラッキョウの収穫、根切り、葉切りなどの作業で地元農家が雇用されたことをあげている。参入企業からは「もっと条件のよい農地を借りたい」と要望されており、市では砂丘畑の圃場整備(排水対策等)に取りかかることとしている。現在、経営を継続している9法人のうち3法人は経営改善計画の認定を受け、地域農業の担い手として位置づけられている。

一方で、「砂丘特区」スタート当初の04年に参入した5法人は赤字経営や経営者交代などを理由に06年から08年にかけて撤退し、1法人は農業生産法人に組織替えした。その後も、参入企業のなかで最も大面積(453a)を耕作し「認定農業者」でもあった鹿児島市の会社(土木建築設計・不動産業、06年に参入)も、本業の経営不振のため借地契約を期間途中で解約し、09年6月に撤退。さらに、枕崎市の建設会社(04年参入、25a作付け)も農業経営の採算悪化から途中解約し、09年12月に撤退した。04年以降、合計17社が参入したが、10年4月までに半数近くの7社が撤退したことになる。撤退後の農地の一部が再び遊休化する状況も出てきている。

表8-3　香川県小豆島町での参入企業（10年6月現在）

企業名	業　種	貸付面積	備　　考
1	醤油製造業	295a	03年参入、認定農業者
2	醤油製造業	243a	03年参入、認定農業者
3	農産物加工・販売	71a	03年参入
4	醤油製造業	135a	03年参入
5	オリーブ加工・販売	751a	06年参入
6	観光施設	5a	06年参入
7	醤油製造業	78a	07年参入
8	土木建設業	105a	07年参入
9	農産物加工・販売	55a	08年参入
合計（9社）		1,738a	

注：小豆島町農業委員会の資料および聴き取りから作成。全て小豆島内の地元企業で、作付作目は全てオリーブ。

②香川県小豆島町の「オリーブ振興特区」

香川県小豆島町では、03年から「オリーブ振興特区」により農外の企業が参入した。10年6月時点で9社が17・4ha（09年9月時点では15ha）の農地を借り受け、オリーブを植えている（表8－3）。参入企業は醤油会社など全てが島内の地元企業である。

町はこれら地元企業と協力し「オリーブの島」を観光振興の面でアピールするため、特区を引き継いだ特定法人貸付事業を「基本構想」に積極的に位置づけた（オリーブ植栽目標25ha）。小豆島町全域を企業の参入区域に指定し、地元企業による遊休農地へのオリーブ植栽を推進。農業委員会が農地を斡旋し、町では植栽地の整備費と苗木代を助成、剪定技術など栽培指導も行なった。生産収量はまだ安定するところまで至らず経営状況もよいとはいえないものの、撤退する企業はなく貸付農地も毎年増えている。参入企業による「オリーブ茶」の新商品開発にも成果をあげた。農業委員会では「島内の地元企業だからきれいにオリーブ園を管理しているが、島外の企業が参入したいと来たときに参入を認めるのか悩むところだ」と話す。農地を地域活性化のために安心できる地元関係者の手で活用したいという考えが根底にあるようだ。南さつま市と違い小豆島町において企業参入が根づき着実に経営耕地を増やしているのは、「オリーブの島」による観光振興という具体的な地域づくりのビジョンを地元企業も含め地域関係者が共有しているからであろう。

3 むすび

09年の農地法等の大改正が株式会社等の農業参入に拍車をかけることになるのか、地域農業にどういう影響を及ぼすのか、地域の活性化に真につながるものか検証が必要だが、一方で農業・農村現場、地域として主体的にどう対応していくかが課題となろう。法改正前の特定法人貸付制度と異なり、法改正後は平場の条件のよい農地であっても企業は借りられ、農地所有者と企業が相対で農地の貸借契約を結び許可等を求めてくることになる。市町村等が企業参入に関与する度合いがこれまでより弱まることとなる。

地域経済と地域社会の担い手である地域の関係者が、どういう地域・農業ビジョンを持ち農地を活用していくか。地域関係者が主体となって、地域内で循環する経済（雇用、所得、再投資など）を築くためには、まず地域の農業者の意欲を喚起するとともにその経営発展を優先し、企業等の農業参入の動機と参入方法を見極め、地域（市町村）が法制上許される限りその参入をコントロールすることが重要である。資本力や組織力が大きく人材や経営ノウハウを有した農外企業等に地域・農業者が圧倒され、付加価値部分が一方的に地域外に流出することがないようにする必要があろう。

今回の改正農地法では、①農地は「地域資源」として位置づけられ「地域との調和に配慮」した農地の権利取得（農地法第1条の目的規定）が明記され、②法律の運用にあたっては「農地が地域との調和を図りつつ農業上有効に利用されるよう配慮しなければならない」（同法63条の2）とする地域配慮の規定が追加された。③具体的な農地等の権利取得の許可においては、「地域農業との調和」要件（農地法第3条第2項7号）が新たに課され（農業経営基盤強化促進法では市町村が定める基本構想で対応＝第6条第2項3号）、同時に地域における適切な役割分担が求められる（農地法第3条第3項2号）。こうした農地制度上の取扱いについて地域関係者（とりわけ市町村・農業委員会）が熟知し、明確な地域・農業ビジョンを持った主体的な対応がどこまでできるか、いわば「地域力」が鍵を握ると言えよう。

注

（1）詳細は拙稿「農地法等改正の経緯と論点―農地制度の理念と権利移動規制の緩和を中心に―」（梶井功・矢坂雅充編『日本農業年報56民主党農政』農林統計協会、2010年）を参照。

第3部

むらの共同と農地の保全・管理

第9章　むらと農地制度

1　はじめに――二つの「共同体の基礎理論」と農地制度

（1）本巻の主要テーマは、その書名『地域農業の再生と農地制度――日本社会の礎＝むらと農地を守るために』が示唆するように、むらと農地を守るために農地制度をどう構想するか、ということである。このテーマ設定自体がすでに、農地制度のありようをどのように考えるかについて、一つの方向性を表明するものとなっている。むらを守ることと、農地を守ること、この二つの相対的に区別される課題を一つに結びつけ、相互に有機的に関連する問題としてとらえるという発想は、決して自明の事柄ではない、それ自体検討を要する論点である。

（2）資本主義経済社会として編成される現代日本社会において、基本的に財は私的所有権の対象にほかならない。私的所有権は、いうまでもなくその対象である財の市場的交換と一体的であって、これを阻害する経済外的強制のあらゆる可能態から切断されていなければならない。農地も私的所有権の対象であるかぎり、むらの制約から解き放たれてこそ、市場における自由な交換に供され、誰もが自由にアクセスできる商品となりうる。こうした考え方に立てば、むしろ農地をむらから切り離し、他の商品と同様に国家法たる民法のもとにおけばよいのであって、農地取引を別途規制する農地法制は必要ないことになる。

これに対して、農地を商品一般に解消してしまうと、農地を農地として維持することができない、というのが、少なくとも小農制を歴史としてもつ社会が多かれ少なかれ経験してきた事実であった。この経験に基づいて、農地を商品として売買することを認めながらも、農地を農地として維持するためには、他の商品とはこれを区別し、一般法とは別途その取引を規制する農地法制を用意し、これによって農地を保持してきた国々が現に少なからず存在するのである。

（３）しかし、かかる固有の法制とは別に、農地を農地として維持するのに不可欠の要素として、むらの維持を念頭に置くという発想、農地をむらと一体的なものとしてとらえ、この観点から農地制度を構想するという着想は、従来必ずしも意識的には追求されてこなかったように思われる。

農地制度を法制度として整備しようとするかぎり、むらと表示される社会関係は法的関係とは異質であって、いわば水と油の関係にあるともいえる。村落共同体としてのむらは、土地をめぐる人間関係の権利義務化を阻むものと考えられたのであり、特に農地改革を出発点とする戦後農地制度は、共同体の解体の上に農地をめぐる社会関係の法化を展望するものだった。その背後には、共同体の解体は世界史的発展法則にほかならない、という大塚久雄『共同体の基礎理論』（著作集第7巻）の強い影響があった。農地を法的規制のもとにおくことによって農地として保持しようとする考え方にとっても、むらは負の存在だった。

（4）今日私たちは、もう一つの「共同体の基礎理論」を手にしている。本シリーズ第2巻、内山節『共同体の基礎理論─自然と人間の基層から』である。内山は、従来日本の社会科学が過去の克服の対象として村落共同体をとらえてきたのに対して、今日人びとは、未来の探求として共同体への関心を高めているとする。この共同体は「ともに生きる」ということを通じて形成されるものであり、そのことへの人びととの衝動に突き動かされ再形成される。この共同体は、昔のものへの復古ではないが、伝統としてあったものを一度すべて解体、ご破算にした後にまったく新規に形成されるというものでもない。伝統として形成されてきた、自然を媒介とした人と人との関係の再建である。この自然の中には、山や、川や、土地のみならず、そこに宿る神や、先祖の労働、魂、霊が含まれる。そこにすむ人びととは、これらを包含する自然と一体となりながらともに暮らす、そういう関係性の再建に、意識的衝動、身体的衝動、そして霊的・生命的衝動によって突き動かされるのである。

（5）本シリーズ「地域の再生」は、各地に芽生えてきた共同体へのこの衝動を敏感に感じ取り、これに様々な角度からアプローチし、大きなうねりにつなげていこうという意図を持つ出版活動であろう。このような視点から農地制度に改めて光を当ててみると、それはどのように見えてくるだろうか。農地制度をかかるうねりの中に位置づけるとしたら、それはどのように構成されるべきなのだろうか。むら共同体と農地制度をつなぐ接点に位置するもの、それは「農地の自主管理」にほかならない。そこで本稿では農地管理の視角から農地制度の来し方を振り返り、行く末について考えてみることにしよう。

2　日本における「むら」と農地管理・農地制度Ⅰ

――戦前

(1) 小作人への先買権付与論

日本で農地制度の必要が意識されるようになったのは、第一次世界大戦後、地主制の改革が議論の俎上に上ってからである。１９２０年に設置された農商務大臣の諮問機関である小作制度調査委員会において、地主の土地所有権に一定の制約を加え、小作の耕作権を確立する法案が審議された。ここで注目しておきたいのは、委員会幹事（農商務官僚）から出された第三次小作法案研究資料（21年）の第16条である。これは、地主がその小作地を売却する場合、小作人に対して売却の相手方と売却価額を明示し、小作人が買い取るか否かを確答するよう催告をしなければならない、というものである。小作人が催告後1か月内に買い取るべき旨、または売却に対して異議を申し立てた場合、地主は小作地を売却することはできない。これは、地主がその小作地を売却しようとする際に、当該小作地の小作人に先買権を付与しようという提案にほかならない。その背後には、地主が小作人以外の者に土地を売ってしまうケースが多く、これが小作争議を引き起こしているという事実があった。また小作を自作化することで小作争議の根を除去しようという自作農創設の意図があった。

大臣の諮問機関だった小作制度調査委員会は、1926年に官制の小作制度調査会となり、ここで諮問事項「小作問題に関する方策」が論議され、翌年「小作法要綱」が答申として出された。これを踏まえて農務局は、小作法草案を政府に提出した。この草案は、地主が小作地を売却する際には、小作人に対して買取協議に応ずる通知をしなければならない、と規定した。地主サイドの抵抗により、小作人の先買権規定から地主の買取協議通知義務規定へと、内容がトーンダウンしたのである。政府は第59回帝国議会に小作法案を提出したが、衆院を通過したものの、貴族院で審議未了(1931年)となって日の目を見ることはなかった。他方、小作制度調査委員会ならびに小作制度調査会においては、小作法案と併行して自作農創設が議論の対象とされた。その際、この自作農創設策議論においても、小作人の先買権が議論の対象とされた。

このように小作人の先買権が、小作制度調査委員会と小作制度調査会を通じて議論の対象に据えられたのは何故だったのだろうか。自作農の減少と小作農の増大という当時の状況にあって、自作農を創設して小作争議の根を断つうえで、小作人の先買権はその重要な手段の一つだと、提案サイドの農林官僚が考えたことは確かである。しかしそれだけのことだったのだろうか。土地購入資力に欠ける小作人が圧倒的な状況のなかで、農林官僚は小作条件の改善こそ急務と意識していたはずである。それにもかかわらず彼らが小作人の先買権に問題関心を持ったのは、何か別の理由があったからではないか。

(2) 各地における自作農保護奨励とむらの土地管理

小作制度調査委員会の第一回総会に当たって委員に配布された資料の一つに、「本邦ニオケル自作農ノ維持創定ニ関スル事例」(大正9年)がある。これは、小作人を自作人にするための何らかの援助が、すでに地域の団体によって先行実施されていた、その事例集である。

事業実施主体は、府県郡の各レベルの農会等の団体、町村、産業組合等だが、このうち特に村や産業組合による事業からは、ある共通する目的を読み取ることができる。

例えば秋田県雄勝郡幡野村の自作農創定は、「村内耕地ノ村外ニ流出スルヲ防止シ併セテ自作農創定を為サムコトヲ決議」(傍点筆者)している。村の区域内の土地が村外に流出することを防止し、流出した土地を恢復するため、5人の委員を置くこと、土地を譲渡する場合には村内の者に譲渡することとし、買い手が見つからない場合は、委員に申し出てあっせんを受けること、委員はその依頼に基づいて買戻条件付きで村内の地主に買い受けを交渉すること、村内地主が買えない場合は、村費でこれを買うこと、買戻条件付きで買い受けた土地は、売渡人に小作させること、委員は、村外地主に土地売渡しを交渉して承諾を得た場合、村内地主に買受けをさせ、これができない場合は村費をもって買い受けること、などが規定されている。

また兵庫県三原郡、飾磨郡、多可郡下の産業組合では、土地を売却する者があって買入希望者がないときは組合がこれを買い入れ、組合員に小作料に相当する額を賠償貯金させて、これにより漸次組合員の所有に移していくという仕組みをつくっている。

千葉県下の産業組合の過半は、土地買戻し、流失防止のため低利貸付を定款に規定していた。石川県能美郡板津村字千代の生産組合では、同様の仕組みで他町村から買い戻した土地、小作農が所有した土地が5町歩におよんだ。このほか三重県阿山郡瀧村、福井県敦賀郡松原村、広島県比婆郡八幡村、山口県熊毛郡三輪村、宮崎県東臼杵郡北方村、鹿児島県日置郡吉利村の産業組合、信用組合の事例が報告されている。

また農業集落の例としては、滋賀県野洲郡玉津村大字石田の土地保留組合がある。この大字の土地の約半分は他部落の者の所有する土地だった。そこでこれ以上他部落に売却されるのを防止し、またすでに売却された土地を買い戻すために、土地保留組合を組織したのである。大字の区民に限り、一口20円の出資で組合債2000円を募集して資本金とし、区域内の土地を買い、これを経営してここから得られる利益を出資者に分配する。この組合所有の土地を買い受けようとする組合員がいる場合は、総会決議により価格を定めて譲渡する。譲渡によって得られた金額は組合員の出資額に応じて分配する。組合所有の土地が減じたときは、同様の方法で組合債を募集して土地を買う。これによって漸次区域内の他部落の者の所有地も回収し、約五分の二を石田区民に回収した、と報告されている。

この事例集の日付は大正9年である。農地制度の必要が意識され始めたこの時代に、むらや、産業組合、信用組合、土地組合等が、むら人による不在地主への土地売却、不在地主の小作地の売却を阻止し、土地をむらに留めたり買い戻したりする動きが、顕著に観察されるのである。小作人へ土地を持たせようとする自作農創設も、実はむらの農地をむらに留め置く施策の一環として位置づけられていた。農務官僚が、小作法案や自作農創設施設の中に、小作人の先買権制度や地主の小作人に対する買取協議通知義務を提起したのも、このようなむらの農地管理の実態を踏まえたものだったのではなかったか。小作農を自作農とし、自作農を自作農として維持することを目指した自作農創設維持施設は、国の基となるものこそ自作農であるという自作農主義の思想と同時に、むらの土地は村の領土内に確保するという、むらの現実の共同的欲求に応えようとするものでもあったのである。

(3) むらの「農地管理」の法制化——農地法案・農地調整法

昭和に入り農業恐慌が発生すると、小作争議の件数も増加し、特に小作地の返還を原因とする小作争議が深刻化する。他方、満州事変によって十五年戦争の口火が切られ、日本は総力戦へ向けての体制づくりに入っていくことになる。農地制度も戦時立法としての性格を付与されながら、農地法案の審議、農地調整法公布、臨時農地管理令へと展開された。

われわれの観点から注目されるのは、この時期に熱心に議論された、むらの共同性に基づく農地管理の法制化である。

①農地法案審議におけるむらの法制化の試み

農地法案の審議において注目すべき点は、村落が自作農創設維持事業の主体となれることを規定し、そのために農地が必要な場合には、土地所有者その他の権利者に対して、村落が土地の譲渡、使用収益権の設定を求め、あるいは譲渡に関する協議を求めることができる、とする規定（第七条）である。これについて法案提出者である山崎達之輔農林大臣は、むらの土地が余所の町の商人の手に担保流れで出ていくような場合であって、そのむらの農家に買い取ろうとしても買い取る資力のある人がいない場合、一時むらの手で買っておき、これを適当な時期にそのむらの人に払い下げるか、あるいはしばらくはむらの人に小作をさせていく、といったことが必要だと説明している。農地の国有化、公有化、社会化という前提を取らず、土地私有の原則に立ちながらも、むらによる農地の公的管理を、自作農創設に結びつける考え方といっていいであろう。農地法案六条、七条は、これを法制化しようという試みだった。

②農地の社稷《しゃしょく》性復古と商品性の打破

いわゆる食い逃げ解散によって農地法案が流産になって以降、農務局は戦時対策としての農地制度を検討するために企画委員会を農林省内に設置した。ここで徹底した自作農主義を展開したのが、助川啓四郎参与官だった。第二回企画委員会において助川は、私記「農地制度の確立に関し考究せらるべき事項（未定稿）」に基づき、農地制度確立の理論的根拠、考究しておくべき18事項を提示している。18項目の一つに、「農地の社稷性復古と商品性の打破」がある。農地は耕す者にとっての生活の基礎であり、農村の祭祀はその土地とそこから生産される穀菽《こくしゅく》を祭るものである。土地がその属する地方と離れてはならないのはあまりにも明確なことであって、他郷に移住する者は耕してきた農地をそのまま置いて去り、他郷にあって以前の所有地に対して権利を主張するようなことはなかった。ところが明治初年の土地改革があってから農地の地縁関係は打破され、農業を営まない者の間にも売買されて奢利投機の用に供されるのに、農地に属する地方民は全く与り関しない。これは吾国の社稷観念とは相納《い》れず吾国農村の本質を毀傷する。土地の商品性を打破してその社稷性を復活させ、地縁関係を強化しなければならない。そのためには、農地の売却に際しては地元において先買権を有するものとし、監督官庁の認可を受け地元（農地機関）において土地の強制収用をなしうる制度を設けるべきだ。

この考え方は地主勢力の反発を受け、農地調整法第四条において、自作農創設維持のための必要を前提として、地主に対して土地の譲渡または使用収益権の設置につき協議を求めることができる、という形で法制化された。しかし既墾地について協議が整わない場合の処置についての規定は設けられなかった。

3 日本における「むら」と農地管理・農地制度Ⅱ
——戦後

(1) 農地管理という固有の課題領域とむらの共同性

このように戦前においては、むらのレベルで、むらの領土内の農地がむらの外に流出することを防ぐ「農地管理」が現に行なわれていた。またこの現実を基盤として、農地保全施策の一環としての農地管理の法制化が目指されたのである。ここで改めて「農地管理」という概念について確認をしておこう。

戦後農地改革が広範な自作農を創設して、農地法がこれを固定した結果、零細錯圃とよばれる農業構造が、農政にとっては改善されるべき事態として存在することになった。農業経営の規模拡大を通じて農家所得を増大することが、農家と他産業従事者の所得格差という「農業問題」を解決するにあたっても王道と考えられた。農地の流動化による経営規模の拡大が、戦後農政の一貫した政策課題となったのである。戦後農政における「農地管理」は、主要にはこの政策課題を内容とするものとなった。しかし農地流動化による規模拡大は、次の二点において国家による直接的な政策遂行と相容れない側面を持つ。

第一に、農地管理とは「農用地の利用または権利移動をある方向に方向付ける活動」であり、「法的規制によっては行うことができない政策目標を『方向付け』という手法によって追求する行為」であり、「それぞれの地域で自発的にこれを行うのでなければ実施されず、したがって農用地管理はあらゆる場合に自主的管理という性格を持っている」と特徴づけられる。[1] 農用地の合理的、効率的、総合的な利用を促進する政策課題は、市場による恣意的取引に任せていては実現されないし、また市場経済の私的自治原則のもとでは、これを国家的統制により直接遂行することは困難である。そこで国家統制でもない、市場への放任でもない、いわばその両者の中間に位置する各種地域団体による社会的自主管理としての「農地管理」が大きな意味を持つことになる。農業委員会、農協、市町村農業公社、農業集落を基盤とする団体等が、地域に適合する各種事業メニュー（農協の農地信託事業、農業委員会の農地移動適正化あっせん事業、農地保有合理化事業、利用権設定促進事業、農用地利用改善事業等）を選択、利用しながら農地管理を行なうシステムが形成されてきた。これは一律の国家規制の手法では実現できない課題である。

第二に、手法のみならず、望ましい方向づけの内容それ自体が、地域に応じて異なる。それは、規模拡大のための農地移動という方向へと、必ずしも収斂するものではない。農地管理は、農地の権利移動のみを意味するのではなく、地域にとって望ましい農地利用一般の実現を課題とする。農地の作付協定、農作業の効率化、合理化のための利用調整等、多様な内容を地域の状況に応じて実現するのが農地管理である。それは農地流動化の加速、流動化率の向上といったような、国が設定した目標達成にのみ還元されるものではない。

このように農地管理は、地域の自律的な取組みを前提とする。それは管理という物理的意味合いを越えて、農地を農地として維持するための地域の共同的社会関係の形成を含意する。ここにむらの共同性との接点が出てこざるをえないのである。

(2) 農地流動化政策と農地管理

このような農地管理という固有の課題領域が、戦後の農地制度の中に位置づけられるに至った経緯を振り返ってみよう。

①耕作権保護の二律背反――隘路からの脱出:信頼

経営規模の拡大のための農地の所有権移転は、農家の農地に対する家産意識や、地価上昇等の要因からその困難性が認識され、さらに農地管理事業団法案も可決されず、農地政策の焦点は、賃借権による農地移動に移ることになる。ここに立ちはだかったのが農地法による耕作権保護だった。特に賃借権の終了規制は、貸し手に対して「一度農地を貸しに出したら二度と返してもらえない」という意識を植え付けた。そこで1970年に農地法改正が行なわれ、期間10年以上の賃貸借の更新拒絶の通知や、合意解約を知事の許可不要とした。これによって長期賃貸借の展開が期待されたのである。

その効果はすぐに現われなかった。1971年、農林省の中に農地制度研究会が組織され、農業経営の規模拡大と農地制度のあり方、土地利用調整に関して研究が進められ、立法動向にも影響をおよぼすことになる。特に借地による農地流動化が検討されるなかで、地域の農地所有者の合意によって大規模な経営や生産組織に農地の利用を任せる方式、「利用権共同設定事業」が構想された。

この構想の背後にあったのは、農地流動化と耕作権保護のジレンマに関する基本認識である。すなわち耕作権を保護すればするほど流動化は難しくなる。流動化を促進しようとすれば、耕作権が不安定化し、経営の不安定化を招く。この堂々巡り、ジレンマからいかに脱出するか。この手詰まり状況を打開する道を教導したのが、農林省ＯＢ東畑四郎だった。東畑は、今までの議論に「何が欠けているかといえば私は公的な組織であろうと思います。耕作権が制度として安定していなくても耕作が安定していればよいのです。耕作を安定させるのは末端における農民の相互信頼の組織です。……農民の自主的な結果によって従来農村にあった公的規範をもう一度再生するのです。……私益と国益の間にある公益を復活させ、それを農民結集の拠点にするというのが農業の方向付けの基本であり、あらゆる制度、法律はそこに基盤をおきたいというのが私の考え方の根本であります」と、ある講演で自説を展開している。ここに権利・法のレベルから、実質的信頼関係形成（社会的自己規制）への発想の転換を読み取ることができよう。東畑はこの信頼関係を、何の実体的根拠も持たずに持ち出しているわけではない。現実に展開されているいわゆる闇小作を、作離れ料のいらない請負契約による規模拡大として、前向きの農民の英知として、農家相互間における自由意志による信頼関係を基盤とした契約として、肯定的に評価している。相対で展開されているこの請負契約を集団的に取り上げようとした。国家的公と私的個人を媒介する中間項として「属地的集団」「土地管理利用組合」をとらえ、構成員農家が、栽培協定、作付け協定、農地の利用協定等を締結し、農用地を地域に即して最も効率的に利用する共益を実現させる、という構想が立てられた。従来公的なものといえば国家的公のことであり、これに私益が対峙する日本的「公」観念に対し、私的領域における公共観念の創出と自主的規律が、課題として掲げられたのである。

②農用地利用増進事業による利用権設定

この新たな発想のもとで構想された利用権共同設定事業は、農地の集団的管理という表現のもとに検討が深められ、農業振興地域の整備に関する法律の改正案の中に「農地所有者等による農用地の利用増進」という形で位置づけられることになった。その内容は、①農用地区域内の一定の区域の農地の所有者と使用収益権者が、全員の合意で規約と農用地利用規定を定めて、都道府県知事の認可を受け、②区域内の農地の賃借権もしくは使用貸借による権利の設定、移転を内容とする農用地利用増進計画を全員の合意により定めて知事の認定を受け、③この契約による賃借権と使用貸借については農地法の権利移動統制、小作地所有制限、法定更新の規定を適用させない、というものだった。

この農地所有者の共同事業では、任意組合にあたる権利者団体が利用権の設定を内容とする文書を作成することとされていた。ところが内閣法制局は、公的性格がなく、事業の継続的実施の保証を欠く権利者団体を主体とする事業において、農地法の適用除外を認めることはできない、と判断することになる。そこでやむなく農用地利用増進事業の実施主体は市町村に切り替えられた。農地所有者等の全員合意により農用地利用規程を定める代わりに、市町村が利用規定を定めることになった。この制度のもとで、賃借権もしくは使用貸借による権利の設定＝「利用権設定」の当事者、対象農地、存続期間等を定める農用地利用増進計画が立てられ、これが当事者全員の同意を得て公告されることにより、当事者間において利用権設定の効果が生じる、という仕組みとなった(2)。

③利用権設定の実質的要件としての、むらの集団的合意

ところで、改正法におけるこの当事者全員の同意は、対象農地にかかる権利者の同意であって、集団的合意とは読めない。このように内閣法制局の見解を原因とする法案変更によって、集団的合意は、法律上の文言には現われない形になった。このような変更につき、農地制度研究会において委員から、「法律の条文からは、集団が背後にあるということはでてこない。とすると運用としては市町村によってはポツポツとでる相対請負をたばねてただ計画と称する場合もありそうだ」、また「農民自身の組織による自治によって、農民相互の貸借の権利関係を調整し、新しい自主的な慣行を育てることに意味があり、農地法三条、二〇条の適用除外がなされると思っていたが、計画作成の主体が市町村ということだとそれが困難になるのではないか」といった懸念の声も上がっていた。

しかしたとえ法文上にそれが表現されていなくとも、改正法提案者の真意があくまでも集団的合意を前提とする事業という点にあったことは、国会審議からも明らかである。市町村という安定した主体の責任のもとにおいて、実質的には自主的な協議会の意向を受けた農家による自主的調整として利

用増進事業を実施する旨、農政局長が衆議院農林水産委員会で答弁している。また参議院農林水産委員会では、「利用増進事業を行ないます場合において、集団的合意という問題が絶対的な条件として必要になってくると思っております。そういうことから利用増進規程例におきましては、農用地の利用組合とかあるいは協議会とか、これはそれぞれの村の都合によって決めればいいと思いますが、そういう組合なり協議会というものをつくり、その協議会の意思を充分に反映するかっこうで実施してまいるということになろうと思っております」とし、集団的合意を事業の絶対的条件として位置づけている。したがってこの条件が整っている場合にのみ、事業が認められるのであり、「この利用増進事業というのは、すべてのところに一斉にできることだとは思いません……」という認識が示されていた。

こうして1975年農振法改正を通じて利用増進事業が導入されることにより、賃貸借の促進を阻害している、終了規制をはじめとする農地法上の規制の適用除外の仕組みがつくられ、全国的にこれが普及して賃貸借による流動化が動き出した。適用除外の根拠づけの論理は、賃貸借が権利者の集団的な同意を基礎として自主的に行なわれている以上、賃貸借の終了にかかる事項もこの事業のなかで自主的に処理されるのがふさわしく、「法定更新」という一律の処理にはなじまない、ということだった。統制自体を否定するのではなく、統制はその領域に立ち入らず自主的管理に任せる、という考え方である。(3)

農地法上の規制は、私的自治原則に基づく個別的恣意的取引（＝市場的社会関係）を対象とするものであって、農地権利者の自主的集団的合意、したがって一定の範囲における恣意的個別的でない公的意思（＝計画的社会関係）は対象外とするという論理である。農地の集団的管理が、農地法の適用除外を受ける利用権設定の規範的根拠とされたのである。

（3）農地の自主管理主体（＝むら）の法制化

①農用地利用増進法と農用地利用改善事業・団体

しかしここでの集団的同意の内容は、利用権の設定に限定されていた。これはそもそも賃貸借の促進を課題として考えられた仕組みであるから当然のことであるが、逆に農業者の自主的集団的合意という形式に視点を移してみると、必ずしも合意の対象・内容が利用権設定に限定される必要はないことになる。

農振法の農用地利用増進事業から、１９８０年の農用地利用増進法の制定にいたる検討過程では、改めて農業者の自主的集団的合意ないし「農地の自主管理」それ自体に意義を見出そうとする考え方に立ち返った議論が展開された。賃貸借促進のための手段としての自主管理という発想とは根本的に区別される、自己目的としての農地の自主管理という考え方である。利用増進法では、一定の区域内にある農用地の権利者の三分の二以上が構成員となっている団体が農用地利用規程を定め、これにしたがって農用地の有効利用に必要な措置を推進する、という手法が選択されるにいたった。これが農用地利用改善団体（以下利用改善団体）を事業主体とする農用地利用改善事業（以下利用改善事業）

である。利用改善団体が定める農用地利用規程の内容は、作付地の集団化その他農作物の栽培の改善に関する事項、農作業の共同化その他農作業の効率化に関する事項、これらの推進に必要となる利用権の設定等であり、地域の農業生産の向上、農村景観の維持にとって最も合理的な農用地利用に必要な事項を、地域の自主的な判断で規程のなかに書き込めることになっており、この規程が市町村の認定を受けるという仕組みである。

しかし農用地利用増進事業が発足して4年を経過するなかで、利用権設定面積が毎年増加し、年間2万haを超える事業展開となっており、実務のうえで定着しつつあった。そこで利用増進事業を利用改善事業のなかに統合するのではなく、これはこれで利用権設定等促進事業として拡大する方向で引き継がれ、それとならんで利用改善団体による利用改善事業が加えられる、という形になった。一方における経営規模拡大のための農地流動化という国策を遂行する、複数の契約を束ねただけの利用権設定等促進事業と、他方における賃貸借の促進という特定課題に直結しない、農家が地域農業を自ら設計するという、本来的意味での農地の自主管理の促進を目的とする利用改善事業が並存し、前者は後者から切断されることになった。また実務のうえでは前者が主要な課題として位置づけられた。その意味で、農地の自主管理が制度上徹底したということはできない。それにもかかわらず利用増進法は、むら＝農業集落をついに法の舞台に登場させた点で画期的である。

②利用権設定の規範的根拠——農地管理事業の一環としての農地利用権設定

利用権とは、地域の地権者全員の合意に基づく農地貸借の調整の結果として、農地の自主管理事業の一環として設定される権利にほかならない。事業の形式上の実施主体は市町村だが、実質的には地域の合意に基礎を置く。だからこそこのような公共空間には、私的市場取引を対象とする農地法は立ち入らない。これが更新規定すら欠く、法律上は弱い利用権の規範的根拠なのである。しかしながら立法者のこの意図は、農地流動化促進を国策とする農地行政へ貫徹されるいとまなく、全員合意による農地の自主管理の実質を置き去りにして、利用権設定だけが先行した。規範的根拠を欠落させた実務展開といわざるをえない。利用権設定等促進事業は、今日基盤強化法により、農用地利用集積計画として引き継がれているが、これによる農地の権利の設定・移転の規範的根拠の前提に変化があるわけではない。したがってこの制度運用にあたっては、制度本来の趣旨にそった、農家による農地の自主管理の実質を形成していくことがまずもって課題とされるべきである。

③利用権設定の実際的根拠——顔の見える賃貸借市場（むら）

農地の貸借は、現在圧倒的に基盤強化法上の利用権設定として展開されている。この権利は更新規定のない権利であり、契約期間が到来すれば農地は自動的に貸し手に戻る仕組みである。引き続き貸してもらえるか否かの保障はない。地主からすれば貸しやすいが、農地を借りて耕作する者にとって、利用権は非常に弱い権利であり、安定的な経営はそれ自体によっては保障されない。何故このように脆弱な利用権が普及するようになったのだろうか。

農地利用権は、農地賃貸借市場一般を想定するものでなく、農地管理と一体のものとして、換言すれば地域の農地利用、権利関係に関する農業者の合意、信頼関係を想定した制度である。したがって農地管理と切り離されて、民法上の賃貸借のように単独でそれ自体として設定される性格のものでは本来ない権利である。しかし前述のように現実には必ずしも農業者全員の合意形成を伴って形成されているわけではない。にもかかわらず同一の賃借人に再設定が繰り返されるケースがほとんどであり、相手を変更した再設定は少ない[4]。再設定しない場合でも、実際は借り手が引き続き耕作する場合も少なくない。また再設定しない場合において所有者が耕作するケースが多いのは、労働力調整の手段として利用権が使われていることを物語っていよう。

いずれにせよ、利用権が普及している磁場は、地域の地権者全員の合意はないものの、顔の見える当事者間の信頼関係がベースとなっている社会関係（むら）であり、全国どこからでもアクセスできる匿名的市場関係ではありえない。一足飛びに利用権設定が契約されるのはまれであって、部分作業受託から入って人間関係を形成し、受託作業が次第に拡大するなかで、ついに賃貸借関係へと移行するのであり、時間をかけて信頼関係が形成されているのである。利用権設定は、むらという磁場の中でこそ成り立つ契約である。

4　戦後農地法制における「二つの基本理念」「二つの法制」とその相互関係――国家とむら

「農地法」の体系と「農業経営基盤強化促進法」の体系は「ダブルトラック」であり、両体系の並存は、一貫した理念を欠く、小手先の制度改革の結果生じた病理現象だと指弾されてきた。農地制度がいたずらに複雑化してきており、制度の複雑化はそれ自体としてチェックを要する病理現象だという批判である。

私は戦後農地法制には、これを支える二つの基本理念があると考えている。一つは農地法を貫く「耕作者主義」であり、もう一つは農用地利用増進法を前身とする農業経営基盤強化促進法の基礎にある「農地の自主管理」である。前者は国家に、後者はむらに定位され、両者あいまって農地法の有機的体系を構成し、農地を農地として保全する目的に寄与している。二つの法制の関係を以下三つの視角から整理しておこう。

(1) 持続的生産を確保するための二要件

1999年に新基本法「食料・農業・農村基本法」が制定された。新法の目標は、良質の食料の合理的な価格による安定供給の確保、ならびに農業の多面的機能の発揮であり、これを実現すべく、望ましい農業構造の確立と農業の自然循環機能の維持増進による持続的な発展を図り、その持続的発展の基盤である農村の生産条件、生活環境の整備や福祉向上を図ることである。ここで注目しておきたいことは、食料供給と多面的機能の発揮という目的を実現する条件として位置づけられた農業の持続的な発展が、「農業者を含めた地域住民の生活の場で農業が営まれていること」を基盤としているという認識である。すなわち農業の持続的発展は、生産と生活の一体性＝生業を基礎としているという認識が示されているといってよい。この一体性が、例えば多面的機能の一つにあげられた文化の伝承という機能の前提でもあろう。生産者であり生活者でもある農業者が地域に定住し、世代を超えて農業を継承できるよう農村振興が図られねばならないという課題が、新基本法によって掲げられたのである。《むらと生業の維持→持続的生産の確保→食料自給の達成と多面的機能の発揮》という図式を読み取ることが可能であると考える。この図式を支えることができる農地制度が構想されなければならない。自然環境、景観、地域社会・文化、国土をいかに保全するかの課題は、全てそこに住む人間と自然との関係のあり方の総体をどう構想するかの問題に帰着する。農地制度は、農業生産の担い手と生産手段としての自然（土地）との関係を媒介する法制度である以上、そのあり方は自然環境等の保全の課題に直結する。したがって農地制度のあり方の考察を欠いて、自然環境の問題を論じることはできない。

こうした視角から農地制度を位置づけると、この課題の実現にとって〈農地に対する権利＋農作業への常時従事＋経営主宰〉の三位一体としての耕作者主義が、いかに重要な機能をもつかが明らかになる。それは定住し農作業に常時従事する農業経営者と農地との関係切断を制御する原理であり、結果として両者の総体的関係を維持する機能をもつ。

農地法は、地域に定住して現に農業に従事している農業者を、農地に対する権利主体として位置づけることにより、換言すれば人的要件に基づく国家統制を通じて、農地を持続的に経営管理する基盤を形成し、農業の多面的機能発揮の条件を創出している。現行農地法の機能を農地改革の成果の固定化にのみ限定する見方は、視野狭窄に陥っている。比較法的な視野に立ってヨーロッパの農地法制、判例をみると、土地市場による圧力に抗して農民層を維持し、農業経営を発展させ国土や景観の調和の取れた管理を可能とする土地所有権の配分は、農地取引の事前規制システムによってのみ実現可能であることが認識されているのである。

他方、日本の農業構造は狭小であり、家族小農経営が一般化している。この小農経営は、農業集落（むら）の共同性によって補完されることによって初めて存立可能であり、持続的な経営を維持することができる。機械や作業の共同化、作付協定や交換耕作等による地力対応、水路・農道の維持管理や草刈り、防除等の共同作業、病気や事故、高齢化による労働力調整のための作業受委託や利用権設定等々、地域の事情に応じたむらによる農地の自主管理、共同作業があってこそむらの農地が農地として保全される。

さらに、農地が農地としてその地力を維持するためには、地域に応じた農法の確立が必要である。農法とは、単に農業技術を意味するのみならず、これを実現する社会関係（生産関係）をも意味する。地域に応じた農法の確立も、農地の自主管理の重要な課題となる。

そもそも地域ごとに千差万別である営農方法、環境対応、望ましい方向への権利移動等に関しては、一般的抽象的国家法による一律の直接的行為規制は適合せず、農用地利用改善団体（むら）による自己規制こそふさわしい。

このように耕作者主義を根幹とする国家法による取引規制によって、農作業常時従事耕作者と農地との関係性が確保され、農用地利用改善団体（むら）による農地の自主管理が展開されることを通じて、持続的生産のための社会関係が形成される。耕作者主義と農地の自主管理は、持続的生産を確保するために必要な二つの条件ということができよう。

(2) 国家による入口規制と社会による事後規制の相互補完

行政による規制は一般に、申請という規制対象の行為があることを前提に、これを審査し、許可の許否を決する入口規制において有効に機能するが、申請に基づかない法規の執行（法の遵守を監督する領域）は、行政のキャパシティ上の限界も手伝って多くの困難を伴う傾向をもつ。複雑に分化し、詳細に規定された法規制は、非常に多くの個別ケースを扱うため莫大な行政資源を必要とする。その全てが満足なレベルで実際に執行されるということはむしろ考えにくい。このことは、伝統的な法規制一般が多かれ少なかれ有している宿命的限界といえよう。法規制は決して万能ではないのである。

法規制の限界を補う現代先進資本主義国家に共通に観察される規制手法の一つに、社会的自己規制がある。狭義の自己規制は、非政府団体によるルールメイキングを意味し、例えば職業専門団体がそのメンバーの行動を規制する私的基準組織によるルールであり、例えばISO国際標準化機構やEMAS環境管理・環境監査スキーム等がこれにあたる。これらの基準、ルールは私的団体によるものであるからそれ自体では法的拘束力を持たないが、それに直接あるいは間接に言及する国家規制によって一定の拘束力が付与されうる。規制権限の私的基準組織への部分的委譲といってもよい。これに対して広義の自己規制は、ルール作成の有無にかかわらず、国家によらない行為調整等一般を意味し、多様な形態がある。私的自治原則のもとでは、生産の根幹に関わる法規制は回避される。法はその部分についての自己規制の枠組みを用意するにとどまる。このように申請に対する許可の局面（入口）での法規制と、許可要件の持続的充足に関する社会的自己規制の組合わせにより、行政コントロールに不可避の限界を克服する模索がなされている。

日本の農地法制も法規制に内在する限界という視点からこれをとらえると、耕作者主義に基づく許可要件（入口規制）の持続的充足を担保する制度が、基盤強化法上の農用地利用改善事業による社会的自己規制（事後規制）のシステムであり、国家の一筆管理を補完するものとして、これを位置づけることができるのである。

（3）市場規制法と事業計画法の相互補完

農用地利用増進法から経営基盤強化法へと展開する法制を、「農地法の賃借権の保護を弱めることにより賃貸借による規模拡大を狙った例外法の制定」だとする理解が散見される。法の運用実態から、そのように理解されるのも無理からぬ面があるとはいえ、農地法による農地賃貸借規制と基盤強化法の利用権設定は、病理現象としてのダブルトラックでも、一国二法制の矛盾関係に立つものでもなく、市場における取引規制と事業展開の一環として行なわれる権利設定とが、有機的な連関を持って農地法制の体系を形成しているのである。市場取引の中で個別に締結される賃貸借契約につき、農業委員会はこれを許可したりしなかったりするのに対して、むらの合意でつくられた農用地利用集積計画（旧利用権設定計画）につき、農業委員会はこれを決定したりしなかったりする。農地取引に対する国家の一律統制（国家による認可行政、規制法）を前提としつつ、その基礎の上で、農地管理という事業展開（事業法）の一手段として利用権設定が行なわれる。ここでは一方における国家の認可行政と、他方におけるむら、地域中間団体・地方自治体による自主的事業展開が組み合わされることによって、地域に定住する農業者と農地との間の総体的関係維持という基盤の上で、地域に適合的な農業構造の自主的形成が目指される。

以上のように「耕作者主義」と「農地の自主管理」は、一筆統制と面的自主管理、入口規制と事後規制、規制法と事業法という三つの側面で相互補完関係を形づくることによって、持続的生産の確保に寄与し、食料自給率の向上と、多面的機能の発揮を同時に追求することに寄与する。この意味において両者は、農地法制の根幹をなす基本原理として位置づけられなければならない。

5　農法変革とむら

このように戦後の農地法制は、二つの理念と、これに基づく二つの法制の有機的体系として形成されてきた。その一方の柱である「農地の自主管理」について、法はその具体的な内容を特定してはいない。農用地利用改善事業という法的枠組みの中で、いかなる内容の農地管理がむらの共同性を媒介としつつ目指されるべきなのだろうか。

（1）農法の歴史

農業の発展の歴史が農法の発展の歴史であったとすれば、日本農業の展望は日本農法の展望として語られねばならず、また農法の展望を得ることは農法の歴史的展開を顧みることを通じて初めて可能となる。ここでは農法という概念を、歴史段階と風土に規定された農業技術（自然的物質代謝過程）と生産関係（社会的物質代謝過程）を統合する概念としてとらえておきたい(5)。

ヨーロッパでの農法の展開は、封建的農法の典型的形態としての三圃式（主穀式）農法から、穀草式農法を経て、近代農法としての輪栽式農法へと移行するものだった。輪栽式農法とは、地力消耗的な穀物と地力補給的な茎葉作物を交替させる作付方式である。根菜類（飼料かぶ、甜菜、馬鈴薯等）の耕地への導入により、飼料基盤の拡大→家畜生産力の増大→厩肥の増加→作物生産力の拡大という地力の拡大再生産機構が確立された。

これに対して日本農法の展開を規定した封建制下の主穀式農法の特徴は、地力維持機能にあっては「草」肥を人力が媒介する刈敷であり（無畜）、また作付けの方式は、水田と畑の分離、水田における水稲単作、畑における1年二毛作という、圃場循環が行なわれない「一圃＝連作農法」である。総じて地力維持的考慮が消極的であり、耕地内での地力再生産基盤の積極的強化がなされないため、土地利用の上昇に伴って「草」肥の欠乏と購入肥料による補給の必要を増大させるという特徴的傾向があった。明治維新の土地改革はこうした農法を転換する契機とはならず、地力消耗が進んだ。これへの対処として水田緑肥＝レンゲ裏作が導入されたが、昭和に入ると国産硫安が増投されることになり、それが土地利用の集約化（裏作麦の導入）を招くことになった。戦後の展開もこの傾向を強めていく。安価な化学肥料の導入は肥料源としての堆厩肥の意義を狭め、耕種と養畜との分離、経営の専門化を促進し、自然力＝地力低下をもたらした。連作を可能にする薬剤防除・除草、土地改良剤の投入が、植物体へ有害物質を蓄積させ、環境汚染を引き起こした。また高度動力機械の利用は、単作化、兼業化を促進し、手抜き農業を広めることになった。さらに最近では大型機械の重量が土壌を圧迫し、土壌の団粒構造を破壊するといった問題が生じている。

(2) 農法変革の課題と農地制度

こうした現状を乗り越えるための農法変革が、ヨーロッパ近代農業の輪栽式農法の原理を生かす新たな輪栽方式[6]として提唱されてきた。それは、①有機質肥料と無機質肥料のバランスのとれた投下を保証し、地力維持・増強を図る技術構造としての耕種と養畜の結合と、②連作による病害虫の発生のために投入される有害薬剤を回避するための輪作の導入、③末端経営単位とこれを統括する単位の合理的規模の形成（水との関係、①②との関連）を要請する。①②の要請は、田畑輪換による有畜複合輪作の農法体系への転換によって実現されるのであり、③の要請は、この農法体系に相応する土地利用構造の変革に関連する。現状における個別農家の経営規模と耕地の分散錯圃状況を前提とする限り、この農法体系への転換に要する農地利用調整、権利調整を統括する単位は、伝統的に集団的土地管理機能を発揮してきた農業集落とならざるをえない。ここにおいて集団的土地利用秩序（農民的集団的土地管理）が形成され、「個別経営の自立が、零細分散の私的所有を当面の与件としながらも、一定の集団性に支えられたものとして実現される[7]」といった展望を得ることができるのである。

目指されるべき農法体系は、こうして農業集落を不可欠の前提とする。しかし新しい農法体系のもとでの、集団を通じた個別農家経営自立の実現（「集団的土地利用秩序＝集団的自作農制」）は、弱体化され解体されつつある伝統的農業集落だけをあてにすることはできない。伝統に培われた土地ごとの自然への関係性を基盤としつつも、農法の体系転換を担いうる、制度により媒介された新たな公共性が樹立されねばならない。これこそが農用地利用改善団体という法制度が想定する自主的農地管理の姿ではなかろうか。

6　むすびにかえて

日本における農地制度の歴史を振り返ることにより、「むらの農地はむらびとの手に」というむらの規範が、農地法制の必要を引き出してきたことを見て取ることができた。この伝統的なむらの規範はどこからくるものなのだろうか。

柳田国男は、むらの領域は国の領土と同じで、むらの領域の減少はむらの衰退を意味する、とみた。内山節は、日本の共同体の特質は、それが自然と人間の共同体としてつくられてきたことのうちにある、とする。人間同士の単なる利害の結びつきでは共同体にはならない。共に生きる世界があると感じられるところにのみ共同体が成り立つ。この共に生きる世界は、日本では人間と、耕作地、これを取り巻く里山、入会林野などの自然によって構成されてきた。自然の一部であるむらの土地がむらから流出すると、共同性は崩れる。自然としての土地は、共同体の一体的構成部分として観念されたのであり、ここからむらを守ることと、農地を守ることとの一体性が生じるのである。日本で農地（法）制度が要請されるに至った一つの、しかし無視しえない理由は、この一体性を保持することだった。ここに日本の農地（法）制度の特質をみることができる。

持続的生産の確保にとって不可欠な地力維持、再生産を可能とする農法変革の主体も、人間と土地によって形成される、共に生きる世界として構想されなければならない。これは同時に、農地制度の中に位置づけられた農地の自主管理主体にほかならないのである。

注

（1）関谷俊作「農用地管理システムについて」『平成5年度農用地有効利用方策等に関する調査研究事業報告書―農地管理に関する研究論文編』農政調査会、1994年、5ページ。

（2）関谷俊作『新版日本の農地制度』農政調査会、2002年、249ページ以下。

（3）関谷俊作「農用地利用増進法の生まれるまで」農政調査委員会『農用地の集団的利用』1981年、11ページ。

（4）1985年の再設定率は件数で66％、同一借人への再設定が49％、借人変更が6％、面積でそれぞれ71％、50％、6.7％であった。その後再設定率、同一借人への設定率は増加し、2007年で82％、65％（件数）となっている。借人変更は変化なく6％である。面積でみても84％、64％であり、借人変更は7％である（『農地の移動と転用―平成19年―』農林水産省、平成21年9月、14ページ）。ただし、2008年では、件数の再設定率は72％、同一借人への再設定54％、借人変更が5％と減少している。

（5）以下につき、加用信文『日本農法論』御茶の水書房、1972年、7ページ以下。井上毅『農法変革の歴史理論』日本経済評論社、1997年、10ページ。

（6）以下につき、保志恂『戦後日本資本主義と農業危機の構造』御茶の水書房、1975年、400ページ以下。

（7）磯部俊彦『日本農業の土地問題』東京大学出版会、1983年、578ページ。

第10章　改正農地法の運用と農業委員会の現実的課題

――山形・高知の実態を踏まえて

1　はじめに

農地法を現場で実際に運用するのは、各市町村の農業委員会の仕事である。２００９年の農地法改正によって、農業委員会が果たすべき役割は、農地の権利移動統制や遊休農地対策を中心に、格段に強化、拡充されている。

農業委員会は、市町村を単位として、農業者のなかから選挙によって選ばれた農業委員を中心に構成され、農地法その他の法律に基づき農地の権利移動や転用についての審査、許可等を行なうほか、農地や農業の問題について農家の相談にのったり、公益を代表して市町村その他行政機関に意見を具申したりするなど、地域の農地を守り農業・農村を支える機関として日々幅広く活動している。しかし、活動範囲が主として農業・農村方面に限定されていることや、委員の多くが農業者のなかから選ばれていること等もあって、市民一般からはその存在が見えにくく、活動の実態が広く理解されているとは言いがたい状況がある。

本章では、地域の農地を守り、農業・農村を支える農業委員会の活動実態を紹介し、農業委員会の実像の一端を示すとともに、農地法改正によって重要度が増した農業委員会の役割について、また、改正農地法を運用していく上で農業委員会にどのようなことが課題としてあるのかについて、検討する。本章が、農業委員会の実像を少しでも読者に伝えることができ、改正農地法の運用、農業委員会のあり方について考えていただく契機となれば幸いである。

2　農業委員会の活動実態

(1)　農業委員会の概要

農業委員会は市町村に置かれる。当該市町村内に農地がない場合には置かれず、農地面積の著しく小さい市町村は農業委員会を置かないことができる。区域が著しく広い市町村またはその区域内の農地面積が著しく大きい市町村は、二つ以上の農業委員会を置くことができる。

農業委員会の委員には、選挙によって選ばれる選挙委員と、議会や関係諸団体からの推薦等によって選ばれる選任委員がある。委員の選挙は、市町村の選挙管理委員会が管理し、調査に基づき作成された農業委員会選挙人名簿に基づき、公職選挙法に準じて行なわれる。委員の定数は、選挙委員については区域内の農地面積および農業者数によって3段階の基準が設けられ、選任委員についても人数の上限が定められている。

農業委員会の所掌事務は大きく分けて3種あり、農地法、農業経営基盤強化促進法、特定農山村法、土地改良法等によって権限を付与された事項（農業委員会等に関する法律第6条1項。法令業務という）についての処理、法令による権限の付与は受けないが区域内における農業の振興等に必要な事項（同法6条2項。任意業務という）、区域内の農業・農民について意見を公表し、行政庁に建議を行ない、また諮問に答えること（同法6条3項）である。所掌事務を行なう上で、法令業務と任意業務の一部を処理するために農地部会を置くことができ、その他の任意業務を処理するために別途部会を置くことができる。委員会の会議は公開で行なわれ、会議の内容は議事録として残される。

農業委員会は、行政実務の一部を担う行政機関と、農業者が直接選挙によって選ぶ自分たちの代表機関という、二つの性格を有している。農業委員会は、実態としては多くが市町村役場内に事務局があり、職員が市町村職員であり、市町村と協力しながら実務を行なっているという点で市町村内の一部機関と見えるが、形式上は行政庁から独立した組織をもち、行政上の権限を行使し、行政実務を担う。農業委員は、地域の農業上の諸問題に取り組み、地域の農業者を代表して委員会で意見を述べ、委員会はそれをまとめて公表し、農業者の利益を代表する。

全国農業会議所が行なった「第20回農業委員統一選挙後の農業委員会の体制等調査」結果によると、2008年の全国の農業委員会の数は1794、農業委員の総数は3万7507人である。委員会の選挙は3年ごとに行なわれるので、2011年現在もおおよその状況は変わっていない。うち女性農業委員数は1744人、認定農業者の農業委員数は1万2216人、農業委員会の数は市町村合併等の影響から2005年調査より557減少し、農業委員の総数は9156人減少した(1)。

農業委員会の概要は以上であるが、農業委員会は具体的にどのような活動を行なっているか、山形県と高知県を例にとって紹介する。

(2) 山形県の農業委員会活動

山形県の農業委員会組織は、規制緩和や市町村合併等により委員数、職員数とも減少している。2004年9月現在、県内の委員数は44市町村で857名（うち選挙委員671名、選任委員186名）、職員数は197名であり、1委員会当たり委員17・2人、職員4.5人である。2010年6月現在の委員数は35市町村で645名（うち選挙委員476名、選任委員169名）、職員数は177人で、1市町村当たり委員18・4人、職員5.0人である。委員数、職員数とも一見増えているようにみえるが、これは市町村数が合併により44から35に減ったことによる。事務局はおおむね独立しているが、事務局長の農林課長との兼務、職員の農林課等との併任等が多くなっており、委員会業務に専従的に従事する職員は実質的に減っている。ただ、こうした流れのなかで女性委員は増加してきた。2004年9月には19市町村から29名（うち選挙委員1名）だったが、2010年6月では17市町村から34名（うち選挙委員5名）になっている。この勢いは、委員会に新しい役割と使命を期待したいという表われであり、さらに他市町村へ波及するものをもっている。また、認定農業者の委員も増えている。

山形県では、農業委員会の地区協議会活動が活発に行なわれており、県内4地区協議会で研修、視察などを実施している。年1回開催される山形県農業委員大会も、地区協議会がもちまわりで開催し、提案される議案も地区協議会が意見を集約してまとめている。

山形県は、農業県として、今日まで地域からリーダーを選出しながら、農業委員会活動を活発に行なってきた。その活動事例としてT町農業委員会の活動を紹介する。T町は県内の南部に位置し、有機農業や環境保全型農業を積極的に推進している町として有名である。町内の農地面積は4747ha（うち耕作放棄地の面積19・7ha、0.4%）、農家数は1805戸（うち主業農家1553戸）、農業生産法人11法人、認定農業者278経営体、特定農業団体1法人である。

農業委員会の体制は委員24名（うち公選委員19人、選任委員5人）で、選任委員の内訳は議会推薦が2名（いずれも女性）であり、残り3名は農協、共済、土地改良の組織からそれぞれ1名ずつ選任されている。職員体制は事務局長1名、同次長1名、農地係長1名、主任1名の4名、それに臨時雇用1名の5名である。

T町では、国の指導もあり、2009年度から農業委員会で実施した活動について町広報に掲載し、町民からの意見を求めていくことになった。その内容をみると、農業委員会の仕事として6本の柱が掲げられている。①認定農業者等への農地の利用集積、経営改善の支援、②地域の世話役、農家の相談相手としての農業委員の役割、③農業者の声を積み上げた意見の公表、行政への建議、諮問答申、④優良農地の確保と遊休農地の解消、⑤農業者年金制度の普及と定着、⑥農業・農業者に関する情報提供である。

「私どもの委員会で一番大事にしていることは、農業委員会はなんのためにあるのかという問題意識です。今、いろんな意味で国等からの指導があり、業務の面でもがんばらなければならないのですが、国からいわれるとおりやるのではなく、あくまで農家のために農業委員会があるということにこだわっていきたい。農政に対する批判もある。農業委員会は農家の公的代表という面をもっており、建議・要望も大事にしていきたい。これは農林課ではできないわけですから」と事務局のIさんは語る。

2010年度、T町農業委員会が特に力を入れた業務は、遊休農地対策である。2005年に現状把握調査をしたところを再確認するため、2009年度に平坦部、2010年度に山間部を、耕作放棄地全体調査として見てまわった。現地調査の前に準備しなければならない字切図、図面の作成が大変な作業である。耕作放棄地リストに基づき、図面で一筆ごとに確認していく。「もうここから向こうは誰も行ってないよ」と地元の人が教えてくれる。山間部の畑には、クマ、サルなどの鳥獣被害でそのままになっているところもあった。２０１０年は、調査員2名（農業委員）、事務局2名（農林課の協力も得る）で1班を構成し、３班体制で町内7地区をまわった。8月27日から9月14日まで10日間を要し、猛暑で炎天下の調査となった。山間部のある地区では、畜産（酪農）をやっているので牧草地としての活用があり、そのおかげで荒れていなかったが、こうした地域では採算を度外視して有効利用を考える必要があるというのが事務局の考えである。

T町農業委員会では、委員の地区担当制をとっており、農地のあっせん申し出をはじめ農家からの相談活動を受けつけている。「農地に関する相談は、まず地元農業委員へ」という見出しの農業委員担当集落一覧表を全戸に配布し、啓発活動も盛んに行なっている。そのなかで、県段階で行なわれる農地保有合理化事業の農地売買等事業のＰＲや、２０１０年度から実施される農地利用集積円滑化事業や相続時精算課税制度なども説明されている。農業委員の定数がこれ以上削減されないことを事務局では切に願っている状況である。

「農業委員会は、目に見えない相談業務が多い。小作料でトラブルがあったりすると業務量がずっと増える。今回、農地法の改正で標準小作料が廃止されたが、目安となる小作料がなくなることで農業委員会への農家の信頼、信用に大きく影響する。実態はこうですよと示す実勢賃借料では農家が納得しない。今後、農業委員会地区協議会として標準小作料廃止後のことについて話し合っていく。農地法の許認可業務だけならやさしい。農家からの相談業務が一番大変だ」と事務局のＨさんは語る。

(3) 高知県の農業委員会活動

高知県の農業委員会は、1998年には53あったが、市町村合併等の影響により2008年には34にまで減少した。委員数は1998年の894人から2008年には639人に、事務局職員数は159名から117名に減少した。1委員会当たりの委員数は16・9人から18・8人に、職員数は3.0人から3.4人になり、山形県と同じく委員、職員とも増加しているとみえるが、委員、職員一人当たりの仕事はむしろ増えている。高知県の場合、職員は兼任・臨時雇が多く(2008年の専任職員は46名、兼任64名、臨時雇7名)、事務局が市町村から独立しているとはいえない委員会が多い(専任職員を配置する委員会は19、専任なしが15)。委員の職は非常勤であり、多くは月1回の定例会議に出席し、農地の権利移動や転用についての審査をしたり、遊休農地のパトロールを行なったりするほか、不定期に近隣の農家からの農地に関する相談を受けたり、農地の利用関係を調整する等の活動を行なっている。年間の平均的な出役日数は会長が30~50日程度、委員が10~20日程度である。報酬は月額2万~4万円程度、日払いの場合で日当6000~8000円程度である。議会の議員等と同様に選挙によって選ばれる役職にもかかわらず、ボランティア的な要素がきわめて強いと言わざるを得ない水準である。近年は壮年農業者、女性、兼業農家等の委員が増え、委員の若返りと多様化が進んでいる。委員会会長の年齢構成は、2008年の34名のうち80代は1名、70代13名、60代8名、50代11名、40代1名となっており、比較的若い人が委員会を牽引している。以下、高知県の農業委員会活

動のうち特徴的な活動事例をいくつかあげる。(2)

T市では、農地の転用申請について独自の審査方法を長年採用してきた。T市は宅地造成、高速道路の建設等による転用圧力が強く、都市計画が未線引きであることもあって無秩序な開発がされやすく、優良な農地の潰廃が進んできた。また、産業廃棄物の不法投棄等もあり、違反転用等から農地を守ることがきわめて重要な課題として認識されてきた。農業委員会では、農地法4条申請の場合は当事者（農家）、同法5条の場合は売り手（農家）と買い手（開発業者等）双方の当事者を定例会に召喚し、農業委員全員の前で申請内容について説明を求めている。病気等で申請者本人が出席できない場合には代理人が出席することが義務づけられており、出席者は直接、委員の質問等に回答を求められる。審査の結果、書類の不備、事実上の追認を求める申請である場合等、適正な手続きとみなされない場合は、その場で許可相当との結論を出さず再申請を求める、実態として転用が先行している場合には始末書の提出を義務づける等、市町村段階でできる限り厳格な審査を行ない、違反転用の阻止、転用の抑制を図っている。

旧N町農業委員会は、隣接農家や周辺住民からの通報によって遊休農地を把握するほか、農地パトロールを継続的に行ない、遊休農地を発見してきた。8月中旬の早稲の刈取り終了後が最も把握しやすいため、この時期に重点的に調査を行なう。遊休農地が発見された場合、その場で所有者等管理責任者がわかれば、その相手に対して管理指導を行なうばかりでなく、利用予定について問いただし、遊休農地の解消を促してきた。その場で所有者等の管理責任者が不明な場合でも、航空写真や地域の情報などを駆使して責任者を特定し、管理指導文書とともに今後の利用方法を問うアンケートはがき（意向調査票）や現況写真を送付するなどして回答を求め、遊休農地解消を促した。2003年度に平坦部の実態把握調査を行ない、管理指導通知を8件出したが、うち7件は草刈り等を実施し、解消に成功した。2005年度には中山間地の転作対象田100haについて調査を実施し、遊休農地52筆2・76haを把握し、34戸に対して管理指導文書等を発送した。旧N町は2006年3月に合併しC市の一部になったが、C市全体で旧N町方式を継続し遊休農地の調査を行ない、管理指導文書等を送付し、遊休農地解消に努めている。

K市では移動農業委員会を実施している。市内の地区ごとに年に1回開催し、農業委員会の役員、事務局員、地区担当の委員および地区の農業者が出席し、委員会側が前年度に行なった建議等の活動について説明を行ない、農業者との意見交換を行なう。2008年度は市内の16地区で開催され、延べ315名の出席者があった。移動農業委員会では、「鳥獣害防止対策の行政の積極的な取り組みと助成制度」「ユズの搾汁施設導入等への助成強化」といった地域に密着したものから、「米の生産調整の抜本見直し」「地球温暖化に対応した農作物の品種改良」といった県あるいは国政レベルのものまで、様々な意見・要望が出され、次年度の建議に反映されている。K市では移動農業委員会のほか、消費者団体との意見交換会、認定農業者との意見交換会も開催し、地域の農業に対する要望を幅広く聴取し、建議に集約している。2008年10月に市長宛に出された建議の主な内容は「農業用水の確保及び排水対策」「農業後継者の育成確保対策」「地産・地消の推進と米の消費拡大」「有機農業の推進」であった。農業者および一般市民の農業・農政に対する意見を集約し、行政へ伝える役割を果たしている。

S市では結婚相談員制度を設けて、結婚適齢者および希望者のお見合いあっせん等を行なっている。S市では若者の就農者減少対策および農業後継者対策のために、1981年から農協と行政の経費負担により農業後継者育成協議会を設置し、事業の円滑化を図るため結婚相談員会を設置している。事務局は農業委員会が担当し、原則として月に1回、相談員会を開催し、結婚適齢期者および希望者の掘り起こしや相談活動の進め方について協議を行なう。1994年から2006年までの13年間に79組がこの制度を活用して結婚した。この間、毎年相談件数が80件前後、成婚数が3件から8件と、継続的に成果をあげている。

（4）農業委員会の活動実態と課題

山形と高知とでは、地理的にも農業生産においても相当の隔たりがあり、農業委員会の委員数や職員数等に相応の違いがみられるが、近年の変化や委員会が抱える課題には共通点があり、そこに農業委員会の活動実態の特徴が端的に表われている。

まず、委員の変化である。山形においても高知においても、従来は委員の職を名誉職的な地位であると考え、定例会に出席するだけといった委員が多かったが、近年は認定農業者や女性の委員も増え、その年齢も若くなっており、単に与えられた職務をこなすだけではなく、自らの意見を持ち、主体的に活動する委員が多くなってきた。委員の変化は、農業委員会の性格にも変化をもたらしている。例えば、委員の多様化は会議等で出される意見の多様化をもたらし、結果として出される行政に対する建議等が、単に農業者の利害を集約した農業サイドの意見ではなく、より多様な地域の利害を反映した公的な意見へと変化してきている。このように、農業委員会は硬直的で固定化された組織から柔軟で多様性を持つ組織へと変化し、任務の拡大と相まってより公共性の高い活動を行なう組織になってきている。

次に、農業委員会数、委員数、職員数の急速な減少がある。山形も高知も、市町村合併や行政の省力化、効率化を求める動きのなかで、農業委員会全体の縮小が進んでいる。特に影響が大きいのが委員数の減少である。農業委員の多くは、地区ごとに選ばれ、選ばれた地区を担当しているのが実態である。ところが委員数が減少したことによって、担当範囲が広域化し、よく知らない地区を兼担しなければならない委員が増えている。これまで農地の権利移動や転用、あるいは遊休農地に関する情報を緻密に把握し、農地法の適正な運用ができてきたのは、地域社会に根をおろし、地区の農地事情、農業事情に精通している農業委員が当該地区を担当していたからこそである。委員数が減り、地区から委員が遠くなりつつあるなかで、業務の精度をいかにして保つのか、大きな課題となっている。

紹介した山形と高知の各農業委員会は、地域の特性や実情に応じてそれぞれ特徴的な活動を展開しているが、どれも特別な委員会ではなく、ごく普通の委員会である。紹介した活動事例は、ごく普通の委員会の、いわば普段着の活動であるから、全国どこの委員会でも同じレベルの活動を行なっている可能性がある、ということを示している。と同時に、そのような活動を行なう委員会の潜在的な力が、効率化の名のもとに極限まで削り取られ、委員のボランティア精神まで動員して、ぎりぎりのところで維持されている現状を示しているのである。

3 2009年農地法改正と農業委員会のこれから

(1) 農業委員会の沿革と関連法改正の経緯

農業委員会は、農地法の運用をその主たる業務としているが、農地法より以前の1938年の農地調整法において設置された農地委員会がその前身である。(3) 農地委員会は、第二次世界大戦後、農地改革の実施過程を担う中心的機関として位置づけられた。委員は階層別(地主・小作・自作)に選挙によって選ばれ、農地改革の目的である自作農の創設と耕作権の擁護を実現すべく、行政上の権限を持ち、小作地の買収と売渡しや賃貸借契約の解約等の承認、適正小作料の決定等を行なった。戦後農地改革の中心を担った農地委員会は、1951年の農業委員会法(現在の法律名は「農業委員会等に関する法律」であるが、以下本章では「農業委員会法」とする)によって、農業調整委員会および農業改良委員会とともに整理統合され、農業委員会となった。当初、農業委員会は市町村農業委員会と都道府県農業委員会の2段階が設置されたが、その後54年に再編成が行なわれ、現在の3段階の組織

（全国農業会議所・都道府県農業会議・市町村農業委員会）に整備された。57年には農業委員会の整備強化を中心とする改正が行なわれ、委員会の所掌事務を拡大し、農業振興に関する事務を拡大し、農業および農民に関する事項についての意見の公表および行政庁に対する建議答申を行ないうることに改めた。この改正で現在の農業委員会の基本的役割が整ったといえ、以後、関連法を含む法改正によって順次権限および任務の拡充と整理が行なわれてきた。

1970年の農地法改正では、統制小作料に代わり標準小作料制度が設けられたが、標準小作料は農業委員会が決定するものとされた。80年の農業委員会法改正では、選挙委員の定数の上限の引き下げ、都道府県農業会議の会議員の変更、都道府県農業会議の部会制の廃止、常任会議員の設置等がなされた。また、同時に成立した農用地利用増進法に農業委員会の役割が位置づけられ（農用地利用増進事業による権利移動の促進等）、農地法の改正では一部の許可等の権限が知事から農業委員会に委譲された（農地法3条の許可等）。農用地利用増進法の89年改正では、遊休農地に関して農業委員会が必要な指導を行ない、従わない場合には市町村長に勧告を行なうよう要請することができることとされた。農用地利用増進法は93年に農業経営基盤強化促進法に改正されたが、その際、遊休農地に関する措置についても整備・拡充された。98年、99年には、地方分権の推進に沿った形で相次いで農業委員会法および政令の改正がなされ、農業委員会を置かないことのできる市町村基準の引き上げ、選挙委員の定数区分の簡素化、農地主事の必置規制の廃止等が行なわれた。2004年の農業委員会法改正では、必置基準面積算定の見直し、農業委員会活動の重点化、委員会定数の下限の条例への委任、部会制度の見直し等、より市町村の実情に合わせた委員会の構成、委員会運営が行なえるよう改正がなされた。そして、09年の農地法改正によって、農業委員会の果たすべき役割が農地の権利移動統制や遊休農地対策を中心に格段に強化、拡充された。

(2) 2009年農地法改正と農業委員会の役割の変化

2009年6月に農地法および関連法が改正された。改正法は第1条の目的規定を改め、農地の利用秩序について明確に利用中心へとシフトした。改正の主な内容は、目的規定における耕作者主義の排除、権利移動統制の緩和、転用統制の強化、遊休農地対策(経営基盤強化法から農地法へ移行)等であり、農業委員会の役割も大幅に増えた。以下、改正によって農業委員会の役割が大きく変わった点について、主要な問題点をあげる。

改正法において、貸借による権利移動について事実上自由化された(改正農地法3条3項)。これまでは農作業従事要件あるいは農業生産法人に関する諸規定等によって、「自ら農作業に常時従事する生活を営む地元農家を、農地に対する権利主体として保護」し、「『羽織百姓』や、村外で経営だけを差配する者」を排除してきたが、[4]今回の改正では農地の適正利用等の規制はあるが、個人についてでは農作業従事要件、法人については法人形態の制限等を排して、農業委員会の許可により農地の利用権を取得できるものとした。旧法と違い、改正法では「誰でも、どこでも、自由に農業参入ができる」ようになったのであり、[5]これまでの地域的なしばりがなくなったのである。農業委員会は、どこの誰かよく知らない参入希望者に対して、「地域の農業における他の農業者との適切な役割分担の下に継続的かつ安定的に農業経営を行うと見込まれ」れば、利用権設定を認めることになっている（改正法3条3項2号）。許可した結果、支障が生じれば許可を取り消すことで、見込み違いがあった場合に事後的に修正できることにはなっているが（改正法3条の2、2項）、いったん許可したものを取り消すのは容易なことではない。農外からの農業参入の打診があった場合、委員会が個別の契約について具体的に判断し、その責任を負わなければならない。地域の農地利用について、何が適正な利用なのかを委員会が決定するということは、委員会が「地域における農地利用の公共性の担い手」であることを示したということにもなるが、委員会が下す判断が公平・公正な判断であるという制度的な裏づけがあるわけではない。

また、今回の農地法改正では標準小作料制度が廃止された。これにより、賃貸借を行なう際の地域における「適正」な賃料を判断する根拠が失われた。これは同時に、賃料という農地の権利関係のごく一部ではあるが重要な要素について、農業委員会がこれまで担ってきた秩序形成機能が失われたことを意味する。最高額と最低額と平均的な額をただ並べるという改正法の賃料情報開示では、賃料水準をコントロールすることはできない。改正法は、全体として農業委員会が地域の農地の利用と管理全般について責任をもつものとしているが、標準小作料制度の廃止は、そのような農業委員会の位置づけとは逆の方向性を示すものである。

さらに、遊休農地対策の一連の規定が農業経営基盤強化促進法から農地法に移行した（改正法30条以下）。基盤強化法では、市町村が経営基盤強化基本構想の枠内で遊休農地対策を行なうこととされていたが、改正法では、農業委員会が一連の過程全てについて責任をもって行なうことになった。農業委員会は、区域内の全ての農地について年に1回以上調査し、把握した遊休農地について必要な指導を行なうこととした。遊休農地の把握については、さらに農業者からの通報も受け付けることとなっている（改正法31条）。遊休農地と認められる場合には、利用を促す勧告を行ない、なお適正な利用がなされない場合には、知事裁定による特定利用権の設定、あるいは雑草等周囲の営農に支障をきたす原因を排除する措置命令を出し、遊休農地の解消を図ることとしている。遊休農地の所有者等が確知できない場合でも、公告をした上で同様の経過をたどる道が開かれた。今回の改正では、農業者からの通報があれば最終段階まで到達するしくみになっている。これまで、遊休農地に関する一連の規定は、実際に適用されたことがない規定と言われてきた。法の存在意義が問われる事態だという見方もあるだろうが、そうとばかりはいえない。強制的な利用権の設定あるいは行政代執行を含む厳しい措置命令が出されうるという規定が背後に控えていることが、農業委員会の指導の受け入れを可能にしてきたのである。また、市町村がこれまで規定を適用してこなかったのは、遊休農地を放置しておくためではなく、規定を適用してしまった場合の負の影響を考慮してのことである。今回の改正では、そのような法運用の余地を減らし、厳格に適用する方向性を打ち出しているが、最終段階まで適用した場合、結果的に遊休農地の解消作業を市町村や農業委員会が担うことになってしまう可能性がある。

このほか、農地の権利取得の下限面積の引き下げの判断や、相続等によって許可を受けることなく農地の権利取得をした際の届出の受理等を農業委員会が行なうこととなっている。

以上のように、２００９年農地法改正によって、農業委員会はより多くの責務を負うことになったが、負担増加に伴う措置は限定的なものであった。予算については、新たに農業委員会等による農地の利用調整、農地相談員の設置等のために農地制度実施円滑化事業補助金が導入されたが、農業委員会交付金について増額等はなく、委員会の根幹部分を強化するような予算措置ではなかった。また、委員会組織を強化するための農業委員会法の改正等も行なわれなかった。しかしこれは、農業委員会は変わらなくてよいという意味ではない。農地法の改正によって、委員会の仕事が量的に増えたことも事実であるが、質的にも大きく変わっており、委員会、委員ともに対応が求められる。農外からの参入が一般化したことや遊休農地対策の責任主体となったこと等により、農業委員会は地域における農地利用全般について高度な公的判断を求められることになった。委員は農業内部の情報に基づいて農業内での判断をするのでなく、農外も含めた幅広い情報に基づいてより広い観点から判断をしなければならないし、委員会はこれまで以上に透明性の高い公正な運営をしなければならない。会議や議事録の公開はもとより、委員会活動を積極的にアピールしていく必要がある。さらに、複雑化した規定に合わせ、農地に関する高度な専門的知識と詳細な情報に基づく高度な判断力が委員、委員会に求められる。事務局体制も含め、より高度な判断力を発揮できるよう、まずは現行の枠組みの中でできることをしていかなければならない。より公共性の高い判断とより事情に通じた深い判断という、方向性の異なる判断力を委員会としてどのように備えていくか、今後の大きな課題である。

(3) 2009年農地法改正に対する現場の対応

2009年の農地法改正で農地の権利移動の規制が緩和されたこと等により、今まで以上に農地行政に対する関心と期待が高まっている。農業委員会組織は、今回の法律改正に対し真摯に向き合い、適切な運用を通じて将来の農業・農村のありようについて誤りなきを期さねばならない。以下で、山形県の状況を紹介し、改正農地法に対する現場での対応をみてみる。

法改正をめぐる一連の動きに対して、山形県農業会議は危機感を持って対応した。常任会議員会議の中に「農地・組織問題小委員会」を設置し、農業委員会等現場からの意見・要望を積み上げ、建議・要望を精力的に行なった。

さらに、「『農地法等改正法案』の運用基準等に関する意見」を市町村農業委員会の意見をもとにまとめ、各方面に要請も行なっている。意見をとりまとめる段階で市町村農業委員会からは以下のような意見が寄せられた。

・これまでは農産物の価格、生産費、経済事情を加味した標準小作料を定めることによって、近傍類似額を示すことができた。また、借り手・貸し手とも農業委員会が定める小作料をもとに一定の安心感を持って契約締結にいたったと思われる。小作料の廃止で、いかに賃借権の設定を誘導すべきか。(U町農業委員会)

・今回の改正の目的は、「耕作放棄地の広がりを防止し、食料供給力の強化」となっている。しかし、耕作放棄地が増加している原因は、農地法に問題があるのではなく、農民の努力が欠如していたからでもない。農産物の輸入自由化や市場原理等によって、家族経営農業の継続が困難になったためであり、これまでの農政の結果である。今必要なことは、国際的な食糧需給の偏迫に対応して食料自給率を向上させる農政であり、今頑張っている農家が営農を継続し、生活できる展望をもたらし農民が将来に希望の持てる施策である。（H市農業委員会）

こうした様々な意見があるなか、農地法が改正された。各農業委員会がこの改正をどのように受けとめ、現場で活動しているのか、以下に紹介する。

町役場が町の中心にあり、車を走らせれば町内の全農地まで15分もあれば到着するK町農業委員会は、農業委員16名の担当地区ごとに目が届く状況にあり、日常的に農地パトロールを行なっている。体制の強化が難しいなかにあって、会長の粘り強い要請活動により、事務局職員が今年度1名増となり、臨時職員も含めて5名で実務を処理している（事務局長は農林課長兼務）。K町は県の中央部に位置しているが、農業生産をとりまく状況はどこも同じで、農家人口の減少と高齢化の進行、耕作放棄地の増加、農業所得の減少と不安定化のなかで、農地制度の見直しに対応している。町の基本的スタンスは、農地の権利設定のあり方が町の農業振興計画（農業の将来像）を左右するという考え方で、今回の法改正を重く受け止めている。

次に県北部に位置するS村農業委員会の受けとめ方について紹介する。同委員会は事務局長が農林課長兼務であり、残りの職員4名が全て農政部局との併任である。委員会の今回の法改正の受けとめ方は、企業の参入については決して積極的ではないが、法改正の趣旨については一定の理解を示している。「農地の効率利用」という考え方よりも「農家の救済」という考え方のほうが強い。S村村長は何よりも「農家の所得向上」を重要視しており、この視点から農地法改正に対処している。

最後に県北部の庄内地域で広域合併を実現しているS市農業委員会の取組みを紹介する。同市農業委員会では、新しい農地法が施行された直後から、地区ごとに貸し手、借り手を集めて新しい農地制度の説明会を行なった。同時に農用地利用集積計画書に記載されている小作料の額を「標準小作料による」としていたものを、貸し手、借り手協議の上、実額を記載する手続きに入った。法改正に伴う取組みをみると、まず下限面積の設定については、2地区でそれぞれ25a以上、30a以上に設定している。農地法第3条案件については、全部効率活用、地域との調和要件等の確認の意味で地元農業委員への現地調査を依頼している。その際には写真撮影を行ない、農地部会に提出することになっている。さらに米価の低迷による農業経営のいきづまりを打破すべく、積極的に建議・要望活動を展開している。

(4) これからの農業委員会の課題

行政等の事務の簡素化に逆行する形で、農業委員会の業務は増加し、農地制度の改正がそれに大きく輪をかけた。省略できる事務は極力省略し、どこの農業委員会でも事務の効率化に努めているが、年々業務は質・量とも上回ってきているのが実態であり、各農業委員会は対応を迫られている。

農地法の改正で法令業務が新しく追加になったことから農地基本台帳のシステム変更が課題になっている。これには予算対応も不可欠である。さらに、借地での企業参入が認められたことにより、農地法3条の許可案件全てについて現地調査が必要になった。これに関連して、農業委員会総会の議事録も、公平性、透明性を図る観点から見直しが迫られている。新しく相続等により農地を所有した場合等の農業委員会への届出制度も始まった。標準小作料制度の廃止による実勢賃借料情報の提供も行なわねばならない。日常業務としての農地監視活動もさらに法律に盛り込まれ、遊休農地解消に向けて努力しなければならない。法改正により農地の確保・有効利用、担い手の育成等の役割が大きく、難しくなっている。

そんななか、農業委員の間からは、そんなに大変な仕事なら農業委員になるのではなかったとの声も聞かれる。農業委員会の体制がしだいに弱体化しており、上からの目線で多くの業務が下ろされてくるなか、農業委員会からは、そもそもの農業委員会制度の原点はどこにあったのかという問いかけも生まれている。

また、農業委員会の上部組織である都道府県農業会議には日々、委員会や市町村から多様な相談が寄せられている。改正農地制度に関連したものが多いが、法の解釈を含めて最前線で対応している職員が困らない体制を早急に確立することが求められる。全国農業会議所、都道府県農業会議、市町村農業委員会の系統組織が一丸となって、知恵と力を発揮できる生けるネットワークを構築することが必要である。

法改正の受けとめ方、対応方針には、それぞれの実態に応じた考え方があるが、少ない職員体制、減り続ける農業委員数のなかで、いずれの農業委員会も法令業務で手一杯という状況である。農業委員会は、地域の組織者として農政活動の重要性を認識しつつも、なかなか手が回り難くなっている。法改正に伴う業務量の増大等に対して、地域の農地を守り、農業・農村を維持・発展させていくために、各農業委員会が共通に課題としていること、政府等に対して求めていると考えられることを整理すると、以下のようになる。

まず第一は、遊休農地解消についてである。なぜ遊休農地が発生するのか、そのことについて問い直している委員会が多い。遊休農地の解消は、農業委員会が単独で解決できる仕事ではなく、何よりも家族農業経営で生活がなりたつような国の農政の変革を望んでいる。第二は、農業生産法人以外のその他法人の農業参入である。これからは、農家もその他法人も農地法の取り扱いを含めて平等に対処していかなければならないが、事後規制の強化に伴う権利移動統制の質的変化に対応した研修等の充実が期待されている。第三は、下限面積の設定についてである。下限面積の弾力化については、中山間の土地利用の観点から検討している委員会が多く見受けられるが、多くの課題を抱えている。その一つとして、土地利用型農業と集約利用型農業を一緒にしては考えられないという問題がある。第四は、標準小作料の廃止についてである。県内の農業委員会でも実勢賃借料の情報提供で対処する委員会と、あくまで従来の標準小作料に見合うものを独自に設定して対処すべきという委員会とに二分されている。米価なり生産費が将来大きく動くかどうかも大きく影響してくる。第五は、後継者が安心して農業に就労できる最低限の環境づくりである。これに関連して山形県M町農業委員会は、内閣総理大臣や農林水産大臣に対して「米価の大暴落に歯止めをかけるための対策」の実施を求める建議書を提出している。

4　おわりに

農業委員会の設置の目的として語られている「従来『上から』行われていた農業政策を『下から』のものに切り換える」というボトムアップ型農政運動論[6]は、しだいに小さくなっていくと思われる。しかし、地域の農地を守り、農業・農村の担い手を育成していくために、今こそ国の農政に対し現場の目線で物を言っていくことが、農業委員会および系統組織の使命である。

農地改革から60年を経て、平成の「農地改革」は、農地の所有と利用の枠組みと基準を大きく変更し、将来に向けて示した[7]。そして、その法の運用を農業委員会に委ねた。地域農業の公的代表組織である農業委員会は、法改正の内容と自らの役割をどのように評価し、法の運用につなげていくのか、重い責任とともに問われている。改正農地法の現場での運用如何によっては、農業委員会制度の存続に影響を及ぼしかねないという意識が、委員にも職員にも見え隠れしている。問題は、改正法の運用の先に、地域の農業や農村社会の将来展望が描きにくいということである。問題を乗り越え解決に向けた展望を示していくために、農業委員会は、地域と経営を熟知している委員の知恵と勇気を結集し、委員会制度の原点に立って自己認識を新たにし、行動に移すべき時である。

注

(1)「全国農業新聞」2008年12月5日。

(2) 緒方賢一「農業委員会の今日的役割」『高知論叢』96号、高知大学経済学会、2009年、47~82ページ。

(3) 関谷俊作『日本の農地制度 新版』農政調査会、2002年、99ページ。関谷俊作『日本の農地制度』農業振興地域調査会、1981年も参照。

(4) 楜澤能生「『農地改革』による戦後農地法制の転換」『農業法研究』44、日本農業法学会、2009年、51~52ページ。

(5) 原田純孝「新しい農地制度と『農地貸借の自由化』の意味」『ジュリスト』1388号、有斐閣、2009年、13ページ。

(6) 檜垣徳太郎『農業委員会法の解説』農政調査会、1951年、11~12ページ。昭和26年衆議院農林委員会・農業委員会法案提案理由説明(島村農林政務次官)等に表われている。

(7) 原田純孝「改正農地制度の運用をめぐる法的論点」『農業法研究』45、日本農業法学会、2010年、71ページ。

第11章　改正農地法と転用規制の課題
——農地転用規制における国、自治体、地域

1　はじめに

わが国の農地法には、農地の権利移動規制として3条と5条がある。3条は農業的利用目的での権利移動規制であって、5条は転用目的での権利移動規制である（なお、4条は権利移動を目的としない転用行為のみの規制である）。3条の耕作者主義によって、農地は耕作する者自らによって所有ないし利用されるべきであるから、耕作者主義を採用していること自体が農業者による転用行為をそもそも想定していないといえる。しかし、社会経済状況の変化は農地の都市的利用を要求し、そこでは農業サイドと都市サイドの土地利用間の調整が必要となる。農地法の転用規制（4条・5条）は、このような意味で、農地の非農業的用途（主として都市的用途）への転換に関する要件（立地基準と一

表11－1　農地法による農地の転用面積（全国）

（単位：ha、（　）内は百分比）

年次	総数	許可	届出	許可・届出以外
1959		11,208	－	
1962		20,402	－	
1965		26,722	－	
1968	40,820（100）	30,549（74.8）	－	10,271（25.2）
1971	60,467（100）	35,519（58.7）	12,090（20.0）	12,858（21.3）
1974	45,408（100）	25,437（56.0）	8,810（19.4）	11,161（24.6）
1977	30,382（100）	15,143（49.8）	7,215（23.7）	8,024（26.4）
1980	30,778（100）	14,427（46.9）	6,961（22.6）	9,390（30.5）
1983	26,198（100）	12,619（48.2）	5,843（22.3）	7,736（29.5）
1986	25,935（100）	12,284（47.4）	5,843（22.3）	7,579（29.2）
1989	33,469（100）	17,584（52.5）	7,435（22.2）	8,450（25.2）
1992	34,581（100）	18,698（54.1）	7,844（22.7）	8,039（23.2）
1995	28,969（100）	15,144（52.3）	6,080（21.0）	7,745（26.7）
1998	24,206（100）	13,245（54.7）	4,740（19.6）	6,220（25.7）
2001	19,720（100）	10,324（52.3）	4,207（21.3）	5,188（26.3）
2004	17,634（100）	9,451（53.6）	4,352（24.7）	3,830（21.7）
2007	16,141（100）	8,711（54.0）	4,311（26.7）	3,118（19.3）

資料：農林水産省「農地年報」および「土地管理情報収集分析調査」。
注：1965年以前は「許可・届出以外」の統計はない。

般基準）を定めることによって、両者の調整を図ることを目的としている。

まず、わが国の農地転用の現状をみてみよう。

表11－1によると、（i）1970年代初めに転用面積はピークを迎え（約6万ha／年）、その後漸減していること、（ii）2000年以降は2万haを切っていること、（iii）転用総面積に占める許可を受けた転用面積は、50％前後にすぎないのに対して、届出ないし許可・届出を要せずに転用された面積は、毎年おおむね各々20～25％前後であることを読み取ることができ

る。

そこで、2009年6月の農地法改正に際しては、上記（iii）についての疑念が強く出され、下記のような対応がとられた。

まず、（イ）従来は国または都道府県が転用する場合には許可が不要であったが、学校、社会福祉施設、病院、官公庁の庁舎については許可権者との協議を要することとした（4条1項2号、同条5項、5条1項1号および同条4項、規則28条）。また、（ロ）違反転用に対しては農地法の原状回復命令制度が用意されていたのであるが、実際にはほとんど発動されなかったため、改正法ではこの制度に実効性を付与すべく、行政代執行制度を設けるとともに（51条3項）、命令に従わない者に対する罰則を強化した（64条1項3号、67条）。他方、（ハ）許可を要する転用についても、都道府県知事ないし市町村の事務処理の適正さを確保するために、地方自治法の定める是正要求等（245条の5）を行なうときは、知事ないし市町村が講ずべき措置の内容を示して行なうものとされた（59条）。

農地法の転用規制の強化は、農地法の歴史の中でも今回が初めてであった。それでは、これまではどのような展開過程を経てきたのであろうか。そして、そのことをわれわれはどのように評すべきなのであろうか。以下、転用規制の展開についてその内容ないし運用状況を中心に、これまでの経緯も含めて若干の検討をした後に、農地法の転用規制がわが国の都市・土地法制の上で有する意義を確認する（第2節）。そしてそれを踏まえて、とりわけ最近の動向で特徴的な点について、分析・検討していきたい（第3節）。

2　転用規制の展開とその特徴

前表によれば、転用面積が急増している時期がいくつかある。具体的には、（i）1960年前後、（ii）1970年前後、（iii）1990年前後、である。これらの時期には、重要な法ないし通達が改正ないし発出されており、この影響が実際上どの程度のものかを具体的数値で示すことは難しいものの、何らかの影響を与えていると考えてよい。以下では各々の時期を中心に若干の特徴をみていき、最後にわが国の転用規制の位置づけについて論じることにしたい。

（1）転用規制の展開

①1960年前後

この時期は、戦後の食料難がひとまず落ち着いて、高度成長が本格化し始めた時期である。この時期には、1959年に通達によって「農地転用許可基準」が出され、農地法4条・5条の転用許可判断を行なう際の基準が定められた。本通達では「農地の転用は極力これを抑制すべきものと考える」とされているが、それを担保するための手法としては次のような疑問な点がいくつかある。第一に、農地は、第一種、第二種、第三種に区分される。第一種農地は、集団的（20ha）ないしは優良な農地であって、当該農地の農地としての属性がその認定基準とされているのであるが、第三種農地と第二種農地は、農地としての属性ではなく周囲の市街化の状況との関係（第三種農地ではすでに市街化が進んでいる地域内かどうか、第二種農地では市街地に近接しているか市街化が見込まれる地域内かどうか）が認定基準とされている。そして、第一種農地は原則として転用を許可せず、第三種農地は原則として転用を許可し、第二種農地は第三種農地への立地が困難または不適当な場合等には許可することとされている。本通達によって、とりわけ第三種農地（場合によっては第二種農地も）については、運用上転用規制がほとんど機能しなくなってしまった。

第二に、農地の区分方法についても疑問がある。すなわち、第一種、第二種、第三種農地という区分相互の認定の仕方は相対的便宜的であり、絶対的基準ではない。例えば、第一種農地であっても道路が一本通されただけでその周辺農地は第三種農地に一気に「格下げ」されるし、また第一種農地の要件を満たす場合であってもそれが同時に第三種農地ないしは第二種農地の要件を満たす場合（たとえば、市街地に近接した第一種農地など）には、当該農地は第二種、場合によっては第三種農地として「格下げ」されてしまう(1)。

②1970年前後

この時期は新全総（69年）や列島改造論等を契機として国土開発ラッシュが起こった。農地転用との関連では、農地法制も都市法制も従来の規制が都市開発のためにさらに緩和された。その代表的な例が、68年の都市計画法改正によって、都市計画区域が市街化区域と市街化調整区域とに線引きされ、前者における農地については転用許可が不要とされ届出で足りるとされたことである。すでに指摘されているように、線引きに際しては、農家の要求によって30万haほどの過剰な農地が市街化区域に編入された。市街化区域は市街化して都市的土地利用に供する地域であるが、線引きの過程で市街化の見込みがない地域まで市街化区域に編入され、転用規制の及ばないまま無秩序に転用されていった。前表における68年以降の転用面積の急増は、これが大きな要因である。また、69年には市街化調整区域を対象として転用許可基準が緩和され、さらに、ゴルフ場建設を目的とする転用行為についても上記基準の要件が緩和された。70年代初頭も、水田の転用許可基準を暫定的ではあるが大幅に緩和し（70年）、田中角栄の『日本列島改造論』（72年）で開発の促進とその際の障壁となる農地法の廃止も喧伝された。その結果、前表からは明らかではないが73年までは転用面積が急増している。他方で、69年には農地の領土宣言とも称された「農業振興地域の整備に関する法律」（農振法）が制定された。農振法は、ある地域を対象としてその地域について作成された計画に基づいて各種の事業その他の措置を実施することを内容とする地域整備計画である。本法では市町村が、土地利用区分を含む総合的な農業振興地域整備計画を策定し、実施することになる。土地利用区分のなかで最も重要な区分が農用地区域であって、農用地区域内の土地は原則として農地法上の転用許可が与えられず（農地法4条2項1号イ）、他方で土地改良等の農業振興のための諸事業が集中的に実施される。

農振法の農用地区域の制度は、転用規制との関係では以下の点で重要である。

第一に、農地法は現況主義を原則とするが故に、転用規制についても当該土地が農地である限り適用されるが、たとえば耕作放棄され現況では農地とはいえなくなってしまえば、もはや農地法の埒外に置かれる。転用規制ももとより適用されない。これに対して農用地区域は、「農用地等として利用す<u>べき</u>土地の区域」（農振法8条2項1号、傍点は筆者）であるから、現況が農地である必要はなく、また農用地区域内の開発行為は制限される（15条の2）。すなわち、その限りで農地法の現況主義を補完する機能を農用地区域制度が営んでいるともいえる。

第二に、農地法は農地を一筆ごとに規制するのに対して、農振法の農用地区域制度は面的規制をかけるゾーニングの一種である。したがって、規制の仕方としては農地法の転用規制は時間とコストがかかり、かつ筆ごとに許可の諾否の判断が異なりうる。これに対して農用地区域制度は、一定の地域を対象に一律に規制をかけるので、このような現象は基本的には生じない。この点でも、農用地区域制度は農地法の一筆統制手法を補完しているといえる。

第三に、両者の関係で最も重要な点は、農振法は制度上農地法をベースとしているという点である。すなわち、農用地区域の設定は、私人への権利制限を伴うものではないのであって、例えば転用制限に関する17条の名宛人も、転用許可権者である行政庁である。(2) したがって、農用地区域の転用規制を私人との関係でも有効ならしめる制度は、あくまでも農地法の転用規制なのである。また、農用地区域内の開発については都道府県知事の許可を要する旨の規定（15条の2）についても、農地法4条・5条の許可の対象となる農地に関しては適用されない（15条の2第1項3号）。

このように、農用地区域制度については、制度上は、農地法の転用規制が有する農地の保全機能を補完し充実させるという点にその主要な機能を見出すべきであろう。

③1990年前後

この時期は1980年代後半に始まった土地バブルの影響が転用規制に大きく及んだ時期であって、86年以降転用面積が著増している（前表）。一例をあげれば、リゾート法の制定（87年）、ゴルフ場建設のための転用許可基準の緩和（88年）、第一種農地の例外許可の範囲の拡大（国県道沿いの流通業務施設、沿道サービス施設）、第三種農地の拡大（インターチェンジから至近距離の農地）（いずれも89年）、農村活性化土地利用構想（90年）、都市計画法改正（91年）、農業集落地域土地利用構想（94年）等々である。

ただ、それまでの時期の規制緩和の手法とは一線を画している。すなわち、従来は転用規制の基準を単に緩和しただけであったのに対して、この時期の転用規制の緩和の特徴は、市町村の構想なり何らかの計画の策定を媒介として、それを転用規制の緩和の根拠としてスポット的に穴を抜く手法が目立ってきたことである。例えば農村活性化土地利用構想は、市町村が策定した構想を都道府県知事が認定することを前提として、土地改良事業が施行されて間もない農地も含めて農用地区域から除外し転用許可を行なうことができる、というものである。また、1991年の改正都市計画法においては、例えば、本来は開発が抑制される市街化調整区域において、地区計画の策定を要件として開発許可を付与するなどの手法である。とりわけ前者（農村活性化土地利用構想）は、2000年以降農振法上の制度となり、今日においても「27号計画」（農振法施行規則4条の4第27号）と称され、農村における大規模商業・流通業務施設を建設する有力な手段となっている。ちなみに、農水省構造改善局計画部地域計画課長通達「農村活性化土地利用構想の作成等について」（平成元年3月30日）に別紙参考様式として添付された構想の雛型によると、建設される施設の概要およびインフラ設備に関する記載事項がほとんどであって、周辺農地への影響はもとより、周辺地域の利害やそれへの影響、その他広域的見地に基づく配慮（都市計画的観点からの中心市街地の衰退の可能性等）はほとんどみられない。かようなレベルの「構想」であっても、市町村が策定し知事が認可を付与することで「構想」の内容に「公共性」が付与され、それをもって農用地区域からの除外手続や転用許可手続がクリアされることになる。

④バブル崩壊以降

１９９３年以降、転用面積は徐々に減少している。その主たる原因は、バブル崩壊による開発圧力の緩和にあり、その傾向は２０００年代に入っても続いている。

この時期は、（ⅰ）経済の低成長、人口減少の開始等の現象を眼前にして、従来の開発一辺倒の都市計画法制とそれに呼応してきた農地法制にも再編の動きが芽生え始めた時期である。また、（ⅱ）地方分権の流れが強まり、１９９５年に地方分権推進法、99年に地方分権一括法が制定され、地方自治関連法制の大幅な再編がなされた。

（ⅱ）の地方分権との関係では、98年に農地法が改正され、転用許可権限について、従来は2haを超えるものは農水大臣、2ha以下は都道府県知事が行使することとされていたものが、この改正において4ha以下の転用はすべて都道府県知事の許可に係ることとされた（ただし、2haを超え4ha以下の転用許可については、農水大臣との協議を要する）。さらに、2000年の農地法改正において、2ha以下の農地転用に関する許可または届出の事務は、第1号法定受託事務から外れて自治事務となった。

なお、98年の農地法改正では、上記の点のほかに、59年の「農地転用許可基準」が農地法4条および5条自体の中に規定された。すなわち、従来は事務次官通達で定められていた運用基準が法律に規定されたのである（いわゆる「法定化」）。この法定化によって、「農地制度の基盤が著しく強化された」と評価する向きもある[3]。確かに、この法定化について〈これ以上の緩和がされにくくなった〉という点にその意義を見出すことは可能ではあるが、59年通達自体が問題を孕む内容であったことは前述のとおりであって、通達上の緩い基準が法律に取り込まれたことによって、むしろ規制を強化する方向での変更がより困難になったと評することができることにも注意すべきである。

他方、（ⅰ）の都市・農地法制の再編の動向については、都市法制においては、都市計画に際しての市民参加の拡大、既成市街地整備、縁辺部の規制強化等が今後の課題とされる一方で、農村においては、下記のように転用規制の緩和と強化が並進してみられる。

まず、この時期においても転用規制は緩和されている。例えば、都市計画法改正（2000年）、農振法施行規則および農地法施行規則改正（03年）である。まず前者では、線引きを義務づけられる地域が大幅に削減され、線引き制度の利用が都道府県の選択に委ねられたり（7条）、市街化調整区域の開発規制が条例（集落地区条例）の策定を媒介として緩和されている（34条8号の3および8号の4）。また後者は、市町村が地域の農業振興を図る観点から条例に基づいて計画（振興条例計画）を定めた場合、非農業的用途（分家住宅、生活利便施設等）に供する予定の区域を農用地区域内で「非農用地予定区域」として定めることができるというものである。当初は「予定地」であるが、将来実際に転用される場合には農用地区域から除外され、転用許可が与えられることになる。

このように、この時期は「構想」ではなく、条例の策定を媒介とした規制緩和手法に変化している。「構想」は市町村が一方的に策定するが、「条例」ないし「計画」については、議会が関与（議決）し、場合によっては住民が参加する。例えば振興条例計画については、住民参加が義務づけられている（農振法施行規則4条の4第26号ロ、「27号計画」につき同条27号ロ等参照）。しかし、この場合でも、住民は計画の策定過程にはいっさい参加できず、策定された計画案についての縦覧権と意見書提出権を有するにとどまることに注意したい。

このように規制緩和の流れはこの時期も続いているが、他方で規制が強化された部分もある。それは都市計画法で顕著であって、例えば2000年改正では、（イ）未線引き白地区域における「特定用途制限地域」が創設され（8条）、（ロ）都市計画区域外でも一定規模以上の開発行為には開発許可制度が適用され（29条2項）、（ハ）都市計画区域外において、「準都市計画区域」を指定し開発許可制度や建築基準法の集団規定を適用しうるようにした（5条および29条、建基法41条の2）。また、06年改正では、（ニ）国、都道府県、市町村等が設置する建築物については原則として開発許可不要だったが、開発許可を要する公共施設を増やし（29条1項3号、令21条26号）、（ホ）大規模集客施設について立地が可能な地域を大きく限定した（34条、建基48条）。これらの改正は、「都市化社会から都市型社会へ」という標語に示されるように、高齢化・人口減少社会の到来を迎え、縁辺部の開発を抑制し環境負荷を抑えながら、コンパクトなまちづくりを目指すという都市法サイドの潮流の変化を背景としている。このような潮流には、これまでの規制緩和一辺倒とは明らかに異なるものもあり、農地転用規制にも関連する。第1節で述べた今回の農地法・農振法改正法が、転用規制に関しては強化する方向に舵を切った背景の一つには、かかる都市法サイドの動向の存在を指摘することができよう。

（2）農地法の転用規制の位相

上述の検討から明らかなように、農地の転用規制は、国土全体が建築（開発）自由を原則とするなかで、開発サイドの圧倒的な圧力を前にして後退（規制緩和）を余儀なくされてきたことがわかる。ただし、後退の主たる経路は、農地法本体の改正によってではなく、都市計画法を中心とする都市法サイドの立法および農地法サイドでは通達を中心とする国の農地行政を通じてであった（98年の法定化も、従来の運用基準がそのまま農地法の中に移行したにすぎず、農地法本体の規制が緩和されたわけではない)。このことは、今日の農地法の転用規制が都市・土地法制上有する意義を考える場合には、重要な点である。

わが国の農地法の転用規制は、国際比較、とりわけドイツ、フランス等の西欧諸国と比較した場合、非常に特徴的である。例えばドイツでは、農地の転用はむしろ都市計画法制で処理されており、わが国の農地法の転用規制に相当する規定は存在しない。わが国や西欧諸国でも、近代社会の誕生以降、とりわけ第二次大戦以降の急速な経済成長によって都市の拡大と農地の浸食が進んできたのであるが、西欧諸国の場合には、かかる都市の拡大を都市計画法制で公的にコントロールし、今日では、国土全体について原則として建築(開発)を禁止し(建築不自由の原則)、一定の要件を満たした場合に初めて建築(開発)が許される、という法構造を築き上げるに至っている。一定の要件とは、当該地域を都市的用途に供することの国土整備計画上の整合性・合理性、当該地域の住民・市民の意向、当事者である農業者や周辺地域の農業者の農業的土地利用への影響、都市的用途に供する場合に満たすべき様々な都市建設上の基準(例:インフラ整備の水準、用途規制)等であって、これらを勘案して、転用の可否が決定されていくことになる。

これに対して、わが国の場合は戦前から戦後に至るまで、右にいう「建築不自由の原則」が都市計画法サイドで成立することはなく、急速な経済発展に伴う都市の外縁的な拡大やスプロール開発の公的コントロールという点では、都市計画法の規制には限界があった(ただし、近年僅かな変化の兆しが見られることについては前述)。むしろ、そこでは「建築自由の原則」がとられ、都市開発が農村や郊外部においても可能となる法制度であったといってよい(5)。かような状況のもとで、わが国の農地法は都市開発の巨大なエネルギーをコントロールして、農地の保全に大きな役割を果たしてきたといえる（後述第3節（1）②参照）。農地法は現況主義をとっているために、農地が農地である限り適用される。それゆえ、「建築自由」を原則とするわが国の土地法制のなかで、少なくとも農地については、転用（ないしは転用目的での農地の権利移動）に関して行政庁の許可がない限り転用行為は認められず、許可付与の可否判断において、様々な基準を満たした上で初めて転用が認容されることになる、という法制度がとられており、かかる法構造の骨格は基本的に維持されている。このような意味で、わが国の農地法の転用規制は、法構造的には先に述べた「建築不自由の原則」の考え方に親和的であり、この限りで西欧諸国の都市開発法制が果たしてきた機能の一部を代替していると評することもできるであろう。農地法の転用規制は、以上のような意味で、わが国の都市・土地法制において決定的に重要な意義を担ってきたということができる。

3　近時の動向について

第2節（1）（とくに④）の最近の動向から明らかなように、近年の転用規制については、従来の転用許可基準の緩和に加えて、（イ）転用許可権限の移譲、および（ロ）条例や計画策定を媒介させた上での転用規制の緩和、が主要な潮流となっている。この両者は多くの西欧諸国の都市計画法制がとってきた手法をも想起させ、それなりの説得力を有する議論である。しかし、表面的には類似の手法でも詳細にみると、逆の機能を営む場合がしばしばあり、この点には十分な注意が必要である。そこで、以下では上記の2点を中心に検討していこう。

(1) 転用許可の主体

①許可権者

許可権者については、第2節（1）④で述べた状況からさらに踏み込んだ動きがみられる。

第一に、2008年に出された地方分権改革推進委員会の第一次勧告では、農地転用権限についてもこれを基礎自治体の自治事務とすることが主張されている。すなわち、そこでは、①農地転用に係る国の許可権限（4ha超）を都道府県に移譲するとともに、②転用許可権者である都道府県知事に従来要求されていた国との協議を廃止すること、③2ha以下の都道府県知事の転用許可権限を市に移譲すること、④都道府県レベルで策定される農業振興地域整備基本方針について農林水産大臣の同意を廃止すること等を提言している（第2章（2）まちづくり分野関係【土地利用（開発・保全）】）。この勧告は実現にまでは至らなかったが、近年の都市計画権限の市町村への移譲の動向を背景として、〈〝まちづくり〟には、農地を転用し宅地に供する行為も含まれうるのであるから、農地転用権限についても〝まちづくり〟権限＝都市計画権限の一環として自治体に帰属させるべきである〉とする議論はそれなりの説得力を有しており、この種の議論は今後も継続的に出てくるであろう。

第二に、上記の動向を先取りする動きがすでに始まっている。それは前述の地方分権一括法によって新設された「条例による事務処理特例制度」である（地方自治法252条の17の2）。この制度は、機関委任事務制度を廃止する代わりに、住民に身近な行政はできる限り住民に身近な地方公共団体である市町村が担当できるようにし、地域の実情に応じた、市町村への柔軟な事務・権限の配分を行なえるように設けられた制度であって、法律上ないしは政令上都道府県の事務とされているもの等を市町村に再配分するものである。そして、（イ）再配分された事務は市町村の事務となり、都道府県知事はこれに対して包括的な指揮監督権や取消・停止権を有しないと解されており[6]、さらに（ロ）04年の地方自治法改正によって、市町村長が自らの判断で事務権限の移譲を都道府県知事に要請することができ、この要請があれば協議に応じる義務が都道府県知事に生じることとされた（252条の17の2第3項および第4項）。今日では多くの市町村が農地法4条および5条の転用許可権限の移譲を受けており、転用権限の基礎自治体への移譲はすでに相当程度進行しているようである[7]。

かかる動向は、一見すると地方分権の動向を先取りした先進的な動きのようにも思われるが、こと転用許可権限の移譲については難しい問題を内包している。

第一に、よく指摘される点であるが、転用規制の実効性という点でいえば、市町村の担当部局は議員や住民の偏頗な圧力を受けやすく、地元の利害関係からは切断された都道府県や国レベルで判断したほうが、より客観的な判断ができる。かかる意見は、市町村の関係部局内部からもしばしば聞かれる。

第二に、比較法的にみても、土地利用の用途転換については市町村が都市計画権限の一環として許可権限を有するとしても、上位計画を無視して権限を行使することまでは認められていない。例えばドイツにおいて、農地については、連邦↓州↓行政管区の各レベルにおいて、様々な利害関係者（州以下の計画ではもとより市町村も含む）の参加のもとに多様な利害を衡量しながら保全すべき農地を場合によっては即地的に具体化しており、基礎自治体は、かくして具体化された農地を自己の判断でのみ潰廃する都市計画を策定する自由を有しない[8]。わが国の場合、農用地区域の設定・変更については市町村が自治事務として行なうものとされており、これに加えて転用許可権限も市町村に帰属するとなれば、農地の転用や権利移動については基本的には市町村に権限が集中することになる。他方で、わが国では食料の確保はそもそも国の基本的責務であり（食料・農業・農村基本法7条）、農地は食料生産の基盤であるのだから、農地の総量確保は基本的には国の責務である。すなわち、農地は通常の土地とは異なって食料生産の基盤であって、国の食料政策と密接な関わりを持たざるをえない。この点への配慮を欠くまま市町村に転用許可権限を与えた場合、食料生産に供することのできる国全体の農地面積に関する予測可能性が担保されない可能性が生じうる。市町村への転用許可権限の付与を前提として上記の食料生産基盤としての農地の確保を達成するためには、上位計画との調整が必要不可欠であろう。ところが、わが国の場合、この点は必ずしも十分ではない。すなわち、農用地区域の設定・変更については都道府県知事の同意が必要とされるが（農振法8条4項、13条4項）、それ以外の農地については、59年の農地転用許可基準（98年以降はそれを具体化した農地法の規定）

があるだけであって、かかる基準が多くの問題を抱えていることは前述したとおりである。また、上記の同意についても、市町村が同意を無視した場合、地方自治法245条の5以下の是正要求制度がほとんど利用されておらず、「是正の勧告」や「是正の要求」が上級行政庁から出された場合でも自治体は審査申し出をすることなく無視・放置しておくという現状[9]を前にすると、はなはだ心許ない。

もっとも、09年の農振法の改正では、この点について下記の対応がなされている[10]。

（イ）農林水産大臣の作成する「基本指針」において、「確保すべき農用地等の面積の目標」と「都道府県での目標設定の基準」を定めることを付加した（3条の2第2項1号および2号）。

（ロ）都道府県知事の作成する「基本方針」において、農林水産大臣の同意を残すとともに、「確保すべき農用地等の面積の目標」を定めることを付加した（4条5項および2項1号）。

（ハ）農水大臣の都道府県知事に対する、農用地等の確保のための資料提出、結果の公表や是正要求の規定を新設した（5条の2、5条の3）。

今回の改正では、（ロ）を実現するための手段である（ハ）について、ガイドラインにおいて公表の手続や是正要求の要件に関する具体例があげられている（例えば後者につき、「当該年次の農用地区域内農用地面積が年次ごとの目標面積を10％以上下回る」等の記載がある〔「農振制度ガイドライン」第8参照〕）。しかし、これらの措置が前述した地方自治法上の問題点を克服する上でどの程度の実際上の効果を発揮するかは未知数であるし、そもそもこの改正で農用地確保のための措置の全体像がどのようなものになるのかも必ずしも明確ではない。

わが国の場合には、このような〈上位計画において各種の利害を衡量した上での保全すべき利益の析出・具体化〉という作業がいまだ不完全であることは明瞭であって、このような状況のもとで転用許可権限の地方分権化を推進することには慎重な配慮が必要である(11)。

②転用許可における農業委員会の役割

農地転用許可主体について今一つ論及すべきは、農業委員会の役割についてである。近年、農地の転用規制に関して農業委員会がずさんな審査をしているが故に転用規制が尻抜けになっている、という批判をしばしば耳にする(12)。

しかし、消極的ないしずさんな審査をしている農業委員会があることは認めるとしても、今日の事態を招いたその根本的な原因は、本稿でこれまで縷々述べてきた、1959年通達に代表される国の農地行政の甘さにあることは正しく認識されなければならない。また、転用に積極的な農業委員がいるとしても、それは、開発を積極的に推進して転用に伴う開発利益の全面的な私有化を認めてきた都市法制も含めた土地法制度そのものに基本的な原因がある。法制度や農地行政が不備である以上、農業委員会がそれらに則した運用をしていても農地は転用されていってしまうのである。例えば第三種農地については、農地としての利用価値をいっさい無視して、「市街地に近いないしは周囲が市街化されている」という理由だけで許可を原則とした59年の農地転用許可基準の考え方こそ、まずは問題とすべきであろう。

また、仮に農業委員会がずさんな審査をした場合であったとしても、転用許可権者は農水大臣ないし都道府県知事であって、制度上農業委員会の進達に拘束力はまったくない。しかも、知事許可の場合には、知事はあらかじめ都道府県農業会議の意見を聴取する義務を負い（4条3項、5条3項）、農業委員会の意見とは異なった第三者の立場の意見を聞く機会がある。ちなみに、農水省は許可制度の運用状況を検証すべく、08年5月から10月にかけて都道府県および国の農地転用許可事務の実態調査（都道府県知事許可分については抽出調査、農水大臣が許可した分と都道府県知事から協議を受けた分の双方については悉皆調査）を行なった。その結果、前者（都道府県知事許可）については、1350件中転用許可の判断に疑義があるものは164件（12・1％）であり、後者（農水大臣許可等）については、転用許可の判断に疑義があるものは192件中3件（1.6％）であった。[13] この数値は、許可制度自身もいい加減に運用されていたのではないかという一部の懸念が正しくなかったことを示すものである。もちろん、前者の「12・1％」という数値は決して低くはなく、かかるミスが農業委員会の審査の過程で生じているのであれば、それを防ぐための制度運用のあり方について検討しなければならないが、[14] この調査結果からするかぎり、「許可」は基本的には法制度に則して運用されていたと評してよい。

わが国の以上のような制度とその運用状況を念頭に置けば、転用がここまで進んでしまった主たる責任を農業委員会にのみ帰する議論は、必ずしも正鵠を射たものではない。

(2) 転用規制の手法

次に、近年の第二の動向である、条例や計画策定を媒介させた上での転用規制の緩和についてである。近年では、地方分権の潮流を一つの背景にして、自治体独自の土地利用計画・土地利用規制によって、土地利用を公的にコントロールすべき旨が説かれているが、この第二の動向もかかる議論の中に位置づけることができる。

近年の議論には、地方分権一括法の成立、「条例と法律」や「委任条例と自主条例」などをめぐる行政法学上の議論の進展、さらに法律先占論を否定したとされる徳島市公安条例事件判決（最大判昭和50・9・10刑集29巻8号489ページ）などが大きな影響を与えている。例えば徳島市公安条例事件判決においては、（イ）規制対象について、法律と条例が重複適用される場合であっても、条例が、法律とは異なる趣旨ないし目的で制定された場合には、条例は法律に抵触しない、また（ロ）国の法律と条例が同一目的を有していても、国の法律が全国一律に同一内容の規制を課する趣旨ではなく、当該地方の実情に応じた別段の規制を課することを容認する趣旨であると解される場合には、当該条例は国の法律に違反しない、とする判断をしている。本判決の論理によれば、条例の目的が法律のそれと同一であっても、当該法律の趣旨如何では条例の制定が認められることになる。そして、この論理から、上乗せ条例については、〈当該法律がその規制を最大限の規制と考えているのか、条例による上乗せを認める趣旨か〉等が、また裾切り条例については、〈当該法律が裾切りの基準以下の対象は規制しない趣旨か、法定の基準以下であっても地域の実情に応じた規制を許容する趣旨か〉等が問われることになる。いずれにしても、当該法律の趣旨・内容の探求が必要になる。

若干の例をあげてみよう。農振白地地域や未線引き白地区域については、農地法の転用許可規制は、とりわけ第三種農地を中心として、転用を抑制する方向では実際にはほとんど機能していないことは前述した。このような現状に対して、自主条例を使って何らかの対処をすることができないであろうか。規制目的の異なる条例であれば、自主条例による規制は可能なのであるから、例えば環境や景観保全を目的とする条例によって農地転用を規制することはできる（その場合にはもとより農地に限らず林地や里山などをも対象としよう）[15]。

これに対して、例えば「1000㎡以下の農地転用は許可不要とする」というような、農地法の転用規制を条例で穴抜きする手法はどうか。条例という形式を媒介させることによって国法の一般法上の原則である建築（開発）不自由の状態を解除するという手法は、まさに西欧の多くの国々が採用する手法である。しかしながら、ここで注意しなければならない点は、たとえば、ドイツではこのような〈一定の要件を備えた条例が策定されればその適用を除外される〉という仕組み自体が、国（連邦）法自身の中にあらかじめ明示的に定められていることである。すなわち、国（連邦）法自らが、かかる例外的事態の発生を自ら明示的にあらかじめ認容している。わが国の農地法においても、農地転用に際して許可を要しない場合（前述した道路等の公共施設建設の場合）があるが、これらについては全て法自らがその旨の規定を設けているのである[16]。

4　むすびにかえて

総体としてみれば、種々の問題を抱えながらも農地法の転用規制は今日でも機能しており、その意義をなお減じてはいないということができよう。わが国では、近い将来イギリスの「都市・農村計画法」のような一元的な国土利用の管理システムを構築しうる目処がほとんど立たない以上、農地法の有する都市・土地法制度上の意義ないし機能を十分に評価した上で、ここまで論じてきたような農地行政上の運用（法定化以降は農地法の規制）や都市法制そのもののあり方を批判的に吟味することこそが今日の喫緊の課題なのである。

その意味では、冒頭で触れた今回の農地法の転用規制の強化は、上記の課題の解決に向けてのささやかな一歩でしかないのであるが、今回の改正が「ささやかな一歩」にすらならない可能性はある。この点は本稿でもすでに指摘してきたが（農地法と農振法に新設された是正要求制度の実効性への疑問等）、そのほかにも例えば、国や都道府県が行なう公共転用についてはなお許可不要が原則であって、許可が必要なものが例外として定められているにすぎない。この規定は前述した2006年都市計画法改正の改正（第2節（1）④（二））に倣ったものであるが、とりわけ道路については従前どおり許可が不要であって、道路の敷設によって沿道農地が一気に第三種農地に区分されてしまう。都市計画法に平仄を合わせるのではなく農地法サイドからの規制として公共転用については道路も含めて原則として許可の対象とすべきである。また、違反転用に対する原状回復命令制度についても、これまでほとんど使われていなかった制度が本改正によって使われるようになるのか。この点、法改正後の本制度の適用状況に関する統計は未だ存在しないようである。

注

（1）「農地転用許可基準」の内容と問題点については、高橋寿一『地域資源の管理と都市法制』日本評論社、2010年、24～26ページ参照。

（2）この点は、農用地区域の設定は私人への権利制限を伴うものではなく、特定利用権の設定、開発行為の制限、農地等転用の制限なども農用地利用計画の決定に伴う付随的な効果にとどまるものであって、農用地利用計画の決定自体が直接特定の個人へ向けられた行政上の処分であるのではない、と説明されている（農業振興地域制度研究会編『改訂版　農業振興地域の整備に関する法律の解説』大成出版社、2001年、178ページ）。

（3）関谷俊作『日本の農地制度（新版）』農政調査会、2002年、27ページ。

（4）線引き制度の選択制については、例えば香川県は2004年5月以降実施している。その結果、旧市街化調整区域での農地転用、開発許可が急増した。この点の詳細につき、高橋・前掲書27～29ページ参照。

（5）わが国の場合には、市街化調整区域、用途地域等の区域・地域指定を前提として初めて建築（開発）が抑制される。都市計画区域以外では、建築基準法6条1項に限定列挙された建築物に該当しなければ、建築確認すら必要ではない。以上の点の詳細につき、高橋寿一「『建築自由・不自由原則』と都市法制」原田純孝編『日本の都市法』Ⅱ、東京大学出版会、２００１年、42ページ以下参照。

（6）松本英昭『要説　地方自治法（第6次改定版）』ぎょうせい、２００９年、６３８ページ、同『新版逐条地方自治法（第5次改訂版）』学陽書房、２００９年、１１８９ページ。

（7）この制度の運用状況については、千葉実「都道府県から市町村への権限移譲（事務処理特例制度）の現状とこれから」『ジュリスト』１４０７号、１２５ページ以下参照。

（8）この点の詳細については、高橋寿一『農地転用論』東京大学出版会、２００１年、１０３～１１０ページ参照。

（9）人見剛「分権改革と自治体政策法務」『ジュリスト』１３３８号、２００７年、１０２ページ。本稿第1節で述べた改正法の（ハ）の点についても同様のことを指摘することができる。

（10）ちなみに、農振法施行令では、農用地区域指定の際の一つの基準である集団的農用地の最低面積が20haから10haに引き下げられている（5条）。

（11）ちなみに、地方分権改革推進委員会委員長（当時）の丹羽宇一郎は、「朝日新聞」（２００９年5月16日）への執筆記事の中で、農地法を抜本的に改正し、農地の転用や売買をしやすくすることが必要である旨強調しているが、本文で前述した「転用許可権限の市への移譲」という第一次勧告の目的も、彼にとっては実はここにあったのかもしれない。

（12）例えば、神門善久『日本の食と農』ＮＴＴ出版、２００６年、１３８ページ以下。

（13）２００８年11月4日発表（http://www.maff.go.jp/j/press/）。

（14）例えば、農業委員会の進達が不適正であったために誤った許可が出された場合等には、第1節（ハ）

で述べた是正要求に関する規定（農地法59条）によってその是正が図られることになるが、その判断をどのように行なうか、是正要求制度に実効性があるか等については制度の仕組み方を含めて難しい問題が残る。

（15）本文の一般的動向は、近時の行政法学においては一般的である。たとえば、見上崇洋『地域空間をめぐる住民の利益と法』有斐閣、2006年、252ページ、小早川光郎「基準・法律・条令」小早川・宇賀克也編『行政法の発展と変革』有斐閣、2001年、398ページ等参照。

（16）法律が定めた基準を条例で緩和することは、法律自体に抵触したり、その執行を妨げる場合には許されないことを一般的に指摘するものとして、木佐茂男編著『自治立法の理論と手法』ぎょうせい、1998年、63ページ、磯崎初仁「法律上の許認可基準と条例制定に関する一試論」『都市問題研究』54巻11号、2002年、53ページ、角松生史「条例制定の法的課題と政策法務」『ジュリスト』1338号、2007年、111ページ。

＜記録資料＞

中野和仁先生に聞く——昭和45年農地法改正をめぐって

この資料は、日本農業法学会内に組織された農地制度研究会（代表　原田純孝）の企画で実現した、元農林事務次官・中野和仁氏の講演と質疑の記録である。その会合は、２００９年6月19日に早稲田大学で行なわれ、４時間余に及んだが、本資料ではその内容を標記のテーマに即して大幅に整理・圧縮している。整理・編集の作業には外山浩子、亀岡鉱平、島本富夫、原田純孝があたった。

司会（原田純孝）　中野和仁先生は、農地改革の時期から農林省で長い間お仕事をされて、農林事務次官も終えられ、その後も農政関係でいろいろなお役を務めてこられました。とくに昭和45年（１９７０年）農地法改正のときは、農地局長として国会答弁はほとんど先生がなさっていたので、議事録等でも拝見した方が多いと思います。本日は最初に先生からお話をしていただき、その後で質疑をお願いします。

Ⅰ　中野和仁先生講演

原田さんからご紹介いただきました中野でございます。このたび原田さんから、農地制度を研究している皆さんに昭和45年農地制度改正の話をしてほしいとのお話があったのです。もう40年も前の話なものですから、私、実は今年数えで卒寿ですからそんな昔のことは的確に言えるかどうかという心配があったのですが、原田さんとはいろいろな因縁もありまして、これはなかなか断りにくいと思いました。それで、私の立場というと役所の立場になりますが、そういう立場から当時のことをいろいろ思い出しながら話をしたいということで了承を得た次第です。45年の農地法改正を中心に関連する出来事も含めて時系列を追ってお話したいと思います。

(1) 農地管理事業団法案の廃案
——構造政策の基本方針

【農地管理事業団法案の廃案】

私が農地局管理部長に発令になったのは昭和41年2月21日でした。突然一人だけ発令になったのです。その前の年に国会に出した農地管理事業団法案が廃案になって、2度目をもうじき国会に出すのでそれを手伝えということで、異動になったわけです。それまでは食糧庁におりました。食管制度調査会法を国会に出すので、その事務局長をやれというので食糧庁にいたのです。その法律案が衆議院の議院運営委員会で否決されまして、暇になったのだからということで管理部長をやらされたのかなと思います。したがって私は農地管理事業団法案そのものの是非については自分で議論に参画したわけではありません。急いで勉強しまして、大和田啓気局長のもとで、国会対策その他に走り回ったということです。

45年改正とは全然違いますけれども、いろいろ関係がありますから、農地管理事業団法案の話をしておきますと、1回目と2回目と多少の修正があったけれどもだいたい同じで、いわば公的機関の介入によって基本法の自立経営を目標にした農地移動の方向づけ、規模拡大を図る。農地と未墾地(未墾地は2度目のときに入れた)の売買・交換の斡旋、あるいは資金の貸付、利率は3分30年で、農地取得資金よりも有利です。そして事業団みずから農地の買入れ・売渡しをする、借受け・貸付けをするということで再び提案したのですが、衆議院は通りましたが、参議院でアウトになったのです。

その理由はいろいろ言われておりますけれども、構造政策としては「戦艦大和」の単独出撃じゃないかということがありました。離農対策その他総合性が欠如している、それから、これは国が直接農地の売買をするのだから、上からの選別政策になることに対する抵抗です。場合によったら離農の強制にもなるというようなことで、国が直接農村に介入することについて非常に難点があったということです。

なお、この離農対策のことをちょっと申し上げますと、農地管理事業団法を国会に出す40年までに、農地局と農政局が対立しまして、農政局は、管理事業団のような国が直接やるのではなくて、離農対策をまずやるべきだということで、離農対策の提案があった。けれども、省内で議論の結果、農政局がそれを引っ込めたという経緯があったのです。

【構造政策の基本方針】

41年の国会で管理事業団法案がだめになったので、41年の暮れに、今後の構造政策をどうしていくかということから構造政策推進会議を大臣の指示で設置しました。この座長は事務次官の武田さんでした。私は管理部長で、小委員として参画し、ここで検討しまして「構造政策の基本方針」が42年8月に決定されました。そのとき、農地局では農地制度の改善についていろいろ案を考えていたのですが、構造政策の基本方針で決定したのは七つぐらいあったと思います。

その主なものは、基本方針の最初に「農地の流動化の促進」ということで農地法の改正をするとしました。その内容は、ここでは細かく言いませんが、賃貸借制度の緩和、小作料統制の廃止、小作地所有制限の緩和、それから農地取得上限面積制限を外すということです。農地移動の方向づけについての公的機関については慎重に扱うというふうになっております。農地局としては、3度目は出さないという気持ちだったのです。

二番目が、直接農地法とは関係ないのですが、自立経営農家を育てていくために農林公庫に総合資金制度を創設して、資金をまとめていろいろな事業に貸す。このなかには農地取得も入っておりました。

三つ目が、大型機械が入ってきましたので、協業的な集団生産組織を助長するということで農協法を改正して、農協が経営の受託ができるようにする。そして農地法では、そういう場合は許可ができることにする。

四つ目には、農民老齢年金とか、経営移譲年金とか離農年金とか、いろいろ言われましたけれども、農民に対してそういう年金制度をつくるということもありました。

そして最後に、土地利用の区分を明確にするということもうたっております。これは後の農業振興地域整備法で実ったことになります。

(2) 農地法改正法案の検討・立案

【立案過程】

農地局としては、農地法改正のだいたいの骨子は基本方針で出したのですが、それを具体化する前提としまして、当時、統制小作料が非常に低いものですから、昭和42年9月に田は4倍、畑は2.5倍に引き上げました。地ならしというのでしょうか、それをやっております。農地局としては、農地法改正に関する試案を作成しました。そして42年11月に農地法改正に関する懇談をひと月に5回もやりました(このときは、正規の審議会以外は非公式の研究会をつくってはいけないという政府の方針で、「懇談」と言っておりました)。座長は東畑四郎さんです。委員は官界、学界、新聞の方等々いたわけですが、非常に熱心にご審議をいただき、その年の12月の暮れに検討結果報告を頂戴しました。そのときの懇談で私の印象に残っておりますのは、委員のなかから法律改正の目的を明確にしろという意見があったのに対して、局長は「1条の目的は直しません」と言っております。そして、取得の上限面積を撤廃すると同時に、「農作業常時従事」というのを入れました。それが非常に印象に残っております。

そしてもう一つは、当時、賃貸借規制が非常に厳しく、貸したら返ってこないといわれ、請負耕作とかヤミ耕作とかが非常にはびこってきており、それを正規の賃貸借に追い込むということにも私どもとして大きな狙いがあるということを十分説明しております。いろいろきめ細かい議論をいただいたうえで「この際、おおむねやむをえない」ということで、こちらの試案をのんでいただきました。これは案をこちらから出してご意見をうかがったのであって、懇談会のほうからいろいろ提案をいただいたというようなことはありませんでした。

結局、試案をもとにして農地法改正の法案をつくる。あわせて、農協法の改正も同時に出すことになりました。43年3月の終わりに国会に提出して、衆議院本会議と農林水産委員会では提案理由説明をしたのですが、全然審議していただけないで廃案になりました。不思議なのは農協法は継続審議になっているのです。なお、構造政策の基本方針で申し上げました総合資金制度は、農林漁業金融公庫法を改正してこのときに成立しました。

ただ、ここでちょっと申し上げておきたいのは、試案を懇談会で説明したときは「目的」はいじらないということでしたけれども、法案を法制局と審議している最中に、私と和田正明農地局長と相談をしまして、ここまで改正するのだから「法の目的」を直そうじゃないかということになりました。通常は担当課長が出て行って法制局で審査するのですけれども、私、自分で原案を持って法制局の参事官のところへ行き、「並びに土地の農業上の効率的な利用を図るため」というのを法の目的に入れたのです。これを非常に印象深く覚えております。直接自分で案を書いて持って行ったものですから。

そうして改正法案は廃案になり、構造政策はいっこうに進まないというところにもってきて、42年産のコメは大豊作で、史上最高の1445万tとなり、43年、44年も1400万tを超えるということで、コメの問題、食管の問題が出てくる。もう構造政策だけではだめで、農政全般について展開を図る必要があるというようなことから、43年7月に「総合農政の展開について」ということで大臣の指示が出ました。そして秋には「農政推進上留意すべき基本的な事項」を農政審議会に諮問し、答申をいただいております。

この「総合農政の展開について」が出る前ですが、私は43年6月に農地局長に発令されました。したがって、それから後は局長として農地法改正を背負うことになりました。

なお、これは法律とは直接関係ないのですが、コメ過剰の問題に対する農地局の対応です。それまでは国営事業で何十か所も開田をどんどんやっていた。すでに八郎潟干拓も完成しておりました。それはそれでよかったのですが、開田抑制ということで、予算の段階で大蔵省と決めて、開田調査地区は全部計画から外してしまうことをやりました。今の諫早干拓は、初めは大きな干拓だったのですが、それも「やめた」ということにしまして、干拓事務所も閉鎖しました。しかし、長崎県では土地が欲しいということがあるものですから、そこをどうするかということで、調査事務所に戻したことを覚えております。

それから、44年の国会に2度目の農地法改正案を提出することとしました。これは衆議院本会議での趣旨説明が2月にあり、3月の初めから農水委員会では9回、40時間審議をしていただきました。この農地法の改正案は、前年に出したものとほとんど同じですが、非常に大きな違いは農地保有合理化促進事業を追加して入れたことです。これは自分で筆を執って案を書きまして、農地課長に「これを入れよ」ということを指示した覚えがあります。

当時、鹿児島県が、土地開発公社でしたか、公社で土地を買って造成をして売っているというのを何かで見まして、「あ、なるほどこれは」ということが一つのヒントになって、県段階に非営利法人の合理化法人をつくろうということを考えついたわけです。そこで農地法上、農地保有合理化促進事業を行なう非営利の法人で政令で定めるものについては農地の取得を中間保有機能として認めることとしたのです。

【改正法案のポイント】

この辺で、法律の内容を主な点だけ申し上げたいと思います。

当時、昭和40年（1965年）の数字ですが、耕地面積513万ha、うち自作地485万ha、小作地27万haというようなことで、小作地率はわずか5.3％ぐらいでした。農地改革が済んだ後の昭和25年には、まだ小作地率は10％あったのですが、40年には5.3％まで小作地が減っていた。

農家戸数は566万戸、自作農家453万、自小作農家85万。小作地にウェートがある小自作農家が15万7000戸、純粋な小作が9万9000戸です。小自作と小作を合わせましても、たった4.5％です。そういう状態が改正の前提です。

農地法は農地改革の成果を維持するということで自作農主義を堅持してきたのですけれども、その反面、零細農耕ということが固定されてきて、なかなか生産性の向上にはつながっていかないという限界があるものですから、農地の流動化をして規模拡大を図っていくということで構造政策をやる、それが農地法改正の狙いでした。もう一つは、請負耕作やヤミ耕作が非常に増えてきておりました。請負耕作ということになると名義と危険負担だけ自分で、あとは頼んじゃうというようなことですから、これをこのままほうっておけば農地法の秩序が維持できない、ザル法化するという心配があって、この際、賃貸借関係はきちっとしなければいけないという気持ちが非常に強かったわけです。

そこで改正の内容ですが、「目的」の改正は先ほど申し上げましたように、率直に言って自作農主義に並べて「土地の農業上の効率的な利用を図るためその利用関係を調整」するということで、農地の流動化を図れるよう、賃貸借の規制緩和等々大幅な改正をやるということにしたのです。

農地等の権利移動の制限については、不耕作者は農地の取得ができないということは当たり前で、原則は堅持しておりますけれども、農地の権利を取得する場合の上限面積を、それまで内地は3ha平均、北海道は12haで、これ以上は農地取得ができない、主として自家労働でやるのでないとそれを超えられないということがあったのですが、それを廃止する。そのかわりに権利を取得する者はみずから農業を行なって、農作業に常時従事するのでなければ権利取得は認めないということにしたのです。取得の下限面積制限のほうは、農業らしくしたいということで、それまで30aだったものを50aに引き上げる。50a未満というのは、ほとんどが第二種兼業農家だったものですから、そうしたわけです。

それから、農地改革で自作農創設目的で国から売り渡した農地は永久に貸すことはできないということになっていたのですが、それを10年経過したものは貸し付けることができるということにした。また農業経営の状況とか、とくに通作距離等からみて、農地の権利取得後において、きちっと農業をやらないのはだめだということにしております。私は国会答弁でよく「羽織百姓」はだめだと言っておりましたが、そういうことにしたわけです。

もう一つは、37年の農地法改正で農業生産法人制度を創設したのですが、このときの農業生産法人の要件は非常に厳しくて、いわば自作農の延長のような厳しさでした。それをずいぶん緩めまして、理事等の業務執行権を有する者の過半数がその法人に農地の権利を設定、移転し、かつ法人の事業に必要な農作業に常時従事するということにしました。これは当時の協業を促進するのにそういうことは必要だろうということです。それと、これは農協法の改正とつながっておりまして、農協が組合員から委託を受ける農業経営についての権利取得は許可をするということにしております。そして、農地保有合理化促進事業を行なう法人が農地の売買、貸借をする場合には、中間保有機能としてこれを認めるということにしたのです。この農地保有合理化法人につきましては、県に公社をつくってもらう。初めは市町村や農協にまでやってもらうつもりはありませんでした（今はそうなっておりますが）。これは県に自主的に公社をつくってもらうのですから、いっぺんにはいきません。私が農地保有合理化協会の会長のときに滋賀県知事と話をして決めたのが最後で、十数年たって公社は全国に全部できたことになります。それから、許可権限は、それまでは原則として賃貸借は農業委員会で、それ以外は全部知事だったが、市町村の地域内の移動は農業委員会に許可権限を移しております。

三つ目は小作地の所有制限の問題です。自作農主義のもとで非常に厳しい制限があったわけですが、離農者がどんどん出てきておりましたので、離農しやすくということも考えて、市町村内で一定期間（10年）持っている農地については、離村してもその離農者と相続人に限って在村者並みに小作地を持ってもよいことにしました。もっとも今度の平成の改正で小作地所有制限は全部なくなりました。

四番目は農地等の賃貸借の解約の制限です。今までの農地法では、貸せば返してもらえないということであったのですが、貸しやすく、借りやすくするために、新しい契約からですけれども、賃貸借の解約による返還・引渡し前6か月以内に成立した合意解約により解約する場合、10年以上の定期賃貸借と水田裏作を目的とする賃貸借についての更新拒絶をする場合には、知事の許可はいらないということにしました。

五番目が小作料の統制です。それまでは統制小作料は農業委員会が農林省令の基準に基づきまして最高額を決めて告示をするということであったのですが、それを廃止する。これは非常な踏み切りだったのです。定額金納制はきちっと残しており、物納はいけないというのはそのままになっております。ただし、そういうことにしたものですから、小作料の変動があまり激しいときには、増額なり減額の請求をする等の規定もあわせて置いております。もう一つは、統制小作料をやめても、やっぱり目処があったほうがいいということから、農業委員会が小作料の標準となるべき額、いわゆる標準小作料を定めることができるということにしたのです。この標準小作料は、粗収益から生産費用と経営者報酬（これは生産費の4％ですが）を引いた残りの土地残余方式としました。

六番目が草地利用権制度の新設です。これは市町村や農協が住民や組合員の共同利用のために未墾地を草地として利用する場合には利用権が設定できるという制度で、この仕組みは、後にいろいろなものがそのやり方をまねしたことがありますけれども、地主に協議を申し入れて、だめだったら知事の裁定を求めるというものです。ただし、これも今度の改正でなくなっております。

まだいろいろと細かいことはありますけれども、先ほど申し上げた農地制度改正に関する試案、それから農地法改正の内容は、以上のとおりです。

(3) 国会審議

国会の審議は、このときは社会党など野党は真っ向から反対で、それで40時間も審議されたのですが、1条1条逐条審議で、これは議事録をごらんになると大変だったと思われるかと思います。その細かいことは、農政調査会の『戦後農地制度資料』の第5巻、第6巻に出ております。

ただ、非常に大事なことだけ言っておきますと、国会での審議の最大の論点は、目的を「並びに……」ということで直したものですから、農地法の基幹である自作農主義を破壊する、放棄するのではないかと。それから賃貸借の規制緩和については、借地農主義に切り換えるつもりがあるのかということについて、多くの委員から質問がありました。それに対して、私は、自作農主義だけでは無理なので、それとあわせて賃貸借の規制を緩和して流動化を進めるということについてはもちろん説明をしましたが、なかなか理解してもらえないものですから、最後は自作農主義の上に立って借地を加えて流動化するということで、いわば「効率的な自作農主義でやるのです」ということまで言ったのです。それでもなかなか納得いただけなかった。「効率的な自作農主義」というのは変な言葉ですけれども、国会ではそういう答弁をして切り抜けました。

ただ、ここでちょっと申し上げたいのは、賃貸借の許可条件を緩和したことから、自作農主義から耕作者主義に変わったとその後言われるようになりましたけれども、当時の国会なり私どもの考え方のなかには「耕作者主義」という言葉は全然ありませんでした。それはいつごろか、どなたか命名された方がおれば教えてもらいたいのですけれども、少なくとも株式会社に農地を取得させよという財界方面の要請が、50年代に入ってからいろいろとあったり(その前から田中角栄さんが言っておりましたが)、農用地利用増進法ができてかなり賃貸借が流動化の中心になってきたころから、「耕作者主義」という言葉が成熟したのじゃないかと思っております。「自作農主義」のようにきちっとした言葉が初めからあったということではないと私は思っております。

そのほか、国会の議論では、所有より利用に変わっておるけれども、そういう面でみれば農地法の改正には積極性がないというご意見もあった。「三度も流産して……」、つまり管理事業団が2度と、前年の農地法改正で1度ですから、その後何を検討したか等々の議論があったなかで、一、二おもしろいのを申し上げておきます。

農地保有合理化促進事業を出したものですから、それについての議論がいろいろされましたが、野党に一番言われましたのは、「管理事業団の地方版じゃないか。いずれ君らは全国組織をつくるつもりか」と追及されたことでした。国会答弁では「全国の管理事業団はつくりません」ということだったのですが、45年、農地法が通りました後、翌年に予算要求して財団法人全国農地保有合理化協会をつくりました。もう一つ、私として非常に印象深く残っておりますのは、当時、芳賀貢さんという社会党の代議士がおりました。農水委員会で、この人ひとりと6時間ぐらいやりとりしまして、国会の議事録で30ページぐらいあるのです。途中で佐藤総理大臣が出席され、全日農会長の石田宥全代議士が総理に質問されたこともあったのですが、一番印象深いことを一つだけ申し上げますと、標準小作料についてです。これは、さっき申し上げましたように土地残余方式で計算をしておりますが、問題になりましたのは家族労賃の計算です。当時、米価は都市均衡労賃（5人以上規模の製造業労賃）でやっておりましたが、統制小作料も都市均衡労賃を使っているのです。したがって社会党は、ぜひ標準小作料の労賃のとり方は都市均衡労賃にしろと主張された。そんなことをされると元の統制小作料と同じですから、それはだめだということで、国会でずいぶん押し問答したのですが、納得しない。農林省の見解は一致してないというのです。米価を決めているのは食糧庁でしたから、そこで統一見解を持ってこいということになり審議が保留になって、その次の週の委員会に統一見解を提出することになりました。そのために私は案をつくりまして、芳賀代議士の宿舎に夜行きまして、そこでふたりでいろいろ話をして話をつけたわけです。そして次の委員会では質疑なしで通してもらったということがありました。その話というのは、「作目や土地の生産力によって収益に差があるので、全国一律の基準は難しいが、家族労働については、できる限りその地方の他産業の労賃水準が確保されるよう指導します」ということで、結局こちらの言い分をこういう文章で通したということになるわけです。

しかし、44年の国会では結局、廃案になりました。一方、農業振興地域整備法が成立しております。これは改正都市計画法の市街化区域と調整区域の線引きに対応する領土宣言といわれるもので、農政局主管だったのですけれども、農地局も関係があり、私も国会に出ましてこれを通すのに努力しました。

そして、その年の9月には農政審から「農政推進上留意すべき基本事項」という答申を頂戴しております。その一番は、コメの需給調整の問題です。そして価格政策の是正の問題。そして離農の促進、近代的農業の育成のため農地の流動化を図るということで、農地法、農協法の改正をせよというようなことが書いてあります。その答申には自立経営の目標は10年先、水田については4〜5ha、酪農だと20頭というようなことが書いてあります。

そしてその年の11月に臨時国会があったので、農地法改正法案の3度目の提出をしましたけれども、これは衆議院の解散で審議も何もなしにだめになりました。

なお、さっき言い忘れたのですが、2回目の農地法改正法案は、衆議院は通りましたが、参議院で審議していただけなかった。これは大学法のせいなんです。大学法で国会が混乱して、農地法は全然相手にされませんでした。また、最初の農地法改正法案がだめになった理由には、米審の委員会構成の問題で国会がもめたということがありました。

もう一つ、農地法廃止論の話がこのころ出ております。これは、43年ごろ田中角栄さんが都市調査会で都市政策大綱をつくって、農地の転用を楽にするために農地法を再検討すると書いていました。44年9月には自民党の幹事長だった田中角栄さんが政府与党の首脳会議で具体的に提案されまして、コメは過剰だから農地法を廃止して、水田の他用途転用を図れということを言われた。農地法を廃止して農業の構造改革を図るということが書いてありました。

なぜそのことを申し上げたかといいますと、その廃止論に対しては全国農業会議所なり、われわれのほうもすぐ反論をしました。ところが、不思議なことに農地局長に対しては農地法廃止の検討をしろということは、幹事長を通じてはありませんでした。44年の暮れ、45年度の予算編成のときですが、コメの過剰を解決するため、非常緊急措置ということで、150万tを生産調整することになりました。このときの大臣折衝で、100万tは転作なり休耕でやる、あとの50万tは農地転用でやるということを決めたのです。ところが、農地局長には何の話もない。これは大臣折衝ですから、大臣と事務次官がやったので、次官に抗議したのですが、もうすでに大臣と決めたから勘弁してくれと。といいますのは、生産調整の奨励金が100万tで800億円いる。したがって、もう50万tなら、もう400億いるということで、大臣折衝でとても大蔵省はそんな金は出さないということが出た。それから先ほどの角栄さんの話が大蔵省にも行っておって、大蔵省からも農地転用を言い出したのではないかという気もするのですが、私はその辺の状況はわかりません。当時、檜垣徳太郎さんが次官で、具体的な話はしないで「勘弁してくれ」と謝られるばかりでした。やむをえず国県道沿い幅100mは転用を認めるなど、水田転用許可暫定基準をつくりました。

45年の農地法の改正は、2月に衆議院に出しまして、3月に本会議をやり、すぐ農水委員会で8回やり、4月の上旬には可決されました。このときに社会党は初めて修正案を出してきました。ほとんどの条文について修正案を出しておりましたけれども、いちばん目につきましたのは、「目的」の改正は削除するということです。それから、先ほど申し上げた取得上限面積制限の廃止に代えて、今までの3ha、12haを、6ha、24haまで上げるというようなものでした。これはもちろん国会で否決されております。

衆議院が通りまして、参議院では、本会議は先に済ませていたので、農水委員会で4月の中ごろから5回やりまして、5月8日の本会議で可決成立となりました。

審議の内容は、私から言いますと、もう前の年に十分やっているものですから、それの繰り返しということで、修正なしで3年ぶりに通りました。私自身、本当にホッとしました。農協法も同時に通りました。

もう一つ、このときに農業者年金基金法も通っております。農業者年金基金が経営移譲年金を支給するのですが、離農者の農地の買い入れ、売り渡しをやる、3分30年の資金の貸付けもやることになっております。

そして、この農地法改正が通った後、9月1日に私は農政局長にかわったものですから、農地法の施行は次の人に引き継ぎました。農地管理事業団のときから改正法が通るまでちょうど4年半、農地局に在任をしていたことになります。農地局の部課長さん全員かわって、私が一番古くなるまでおりました。

それではいったい、そのときの農地法の改正というのはどういう評価かということになるわけですが、ちょっとだけ申し上げておきますと、後に耕作者主義といわれる制度となりましたが、これでどんどん流動化が進んだわけではありません。45年から農地保有合理化促進事業をやりましたし、そして50年には農振法を改正して農用地利用増進事業をつくった。これは農地法のバイパスです。バイパスで利用権設定をやっていく。それがだんだん進んできたわけですけれども、もう少し進みだしたのは、55年のこのバイパスを本格的にした農用地利用増進法からです。そして平成5年の農業経営基盤強化促進法での利用権集積計画によって急速に利用権設定が進む――いわば農地法のバイパス的なもので流動化が進んだというふうに思います。長時間聞いていただき、ありがとうございました。

Ⅱ　質疑応答

【農地制度改正の理念・目的、自作農主義と賃貸借規制緩和、農地流動化手法等】

岸康彦　中野さん、兵隊から帰ってこられて、農地解放にかかわられたでしょう。東京農地事務局に行かれましたね。そのことが、つまり農地解放にかかわられたことが、後の農地局時代のものの考え方に影響しているのかどうかということからお話していただきたいのですが。

中野　当時、東京農地事務局に行く前に、農政課で農地改革の法律をつくる下働きをやっていたのです。大和田啓気さんが事務官で、彼が一番熱心に取り組んでいました。政府だけでやった第一次農地改革(注)があったのですが、その昭和20年11月から農政課にいたのです。

(注)第一次農地改革は、日本政府の手によって、昭和20年10月以降準備され、農地調整法改正で

実施することとされた（同年12月に改正法が成立）。この第一次農地改革は、強制譲渡方式、農地価格の統制、小作料金納化、市町村農地委員会の刷新等を内容としたが、GHQに否定されて、小作料金納化、農地価格統制水準を決定しただけで、実質的には実施されなかった。以降は、GHQの指令のもとで第二次農地改革の本格検討・実施へと向かう。

そして、第二次農地改革の法律（自作農創設特別措置法と農地調整法改正）ができて、農地改革の実施機関である地方ブロックの農地事務局に局付事務官を配置したのです。そのときに私は農政課から東京農地事務局に行ったのです。そして、農地改革の普及宣伝、説明会等、実際にあちこち歩きました。そのときの若いころの農地に取り組む気持ちはずっと後まで残っておりました。農地改革で、農村の民主化を達成したが、規模の零細が残ったことが後の農地局時代の考え方に影響していると思います。

岸　45年改正の中身ですが、「目的」を直すときに「効率的な利用を図る」という言葉を入れた。なぜ、それだけの言葉でもって借地ということにつながっていくのかが、私のような法律の素人からみてなかなか読み切れないのですが。

中野　その文言の意図は、3条から20条までの、がんじがらめの農地法のいろいろな規定を改正して、賃貸借の規制を緩和して流動化を図るということです。

岸　つまり全体を読めば、おのずからこれは今までの自作農主義とは違うじゃないかということがわかるはずだと。

中野　それは、そうではないのです。自作農主義そのものは守っているわけですから。「並びに……」をくっつけただけですから。大部分は自作農であり自作地です。そして農業基本法は、家族自立経営をつくるということでずっときて、農地管理事業団はそれをやろうとしたわけですからね。そういうことがずっと続いていて、当時の農政の基本はやっぱり自作農主義ですよ。それだけじゃいけないといって

「並びに……」とくっつけたのです。

岸　だから「借地農主義」というような言われ方をするのは非常に心外だったわけですね。

中野　それは心外ですよ。借地主義を加えたもので、借地農主義ではなく、当時は「効率的な自作農主義」と私は国会で答弁していたくらいです。

岸　2回目の農地法改正案の中に農地保有合理化促進事業を追加して入れたということですが、それまではまったくそういうのは頭になかったのですか。

中野　何かの記事で見て、少し調べてみたら、鹿児島県が公社をつくって土地の売買をやっている。もう一つは、管理事業団法案にかかわったでしょう。それが頭にあるものですからね。私が局長になってから公的介入を地方に下ろしてやろうという気持ちになったわけです。それで2回目の改正法案を出すときに、自分で案を書いて、「これをやろう」と言ったのです。第1回目の法案を出すときは、その話は全然ありませんでした。というのは、第1回目の和田農地局長のときは、公的介入は慎重に扱うということで、そういうつもりはありませんでした。鹿児島の公社の話から、「ははあ、こういう手がある」と思った。

岸　つまり1回目のときと2回目のときとの間には、農林省、つまり中野さんの考え方に少し変化があったということですね。

中野　43年、44年、同じ考えです。新しく入れたのは合理化事業だけですから。ただ前の管理事業団のことが頭にあって、単に賃貸借だけではなくて、やはり農地の流動化を所有権で動かしていこうという気持ちは、私にはあったわけです。

原田　第1回目の法案に農地保有合理化法人をつくるというのがなかったのは、管理事業団が流れた、その直後にそのミニ版をつくるのはだめだという自己抑制があったからだということではない、ということですね。

中野　1回目の法案ではミニ版をつくろうという発想はまったくなかった。いったんはあきらめました。2回目は、私が局長になって考えて、国による介入はやめて県の段階で合理化法人をつくることにしました。

原田　賃貸借規制を緩和して、効率的な形で賃貸借も進めるというのは第1回目の法案から入っていて、しかしそれは自作農主義から距離が離れるという問題がありますね。他方、農地保有合理化法人は自作地を動かすわけですから、いわば効率的な自作農を売買でつくるのだということになる。ある意味では第1回目の法案で批判された部分に対して自作農主義的なものをもう1回持ち出すという側面が表に出るということになるのではないかとも思うのですが、その辺を意識されていたのかどうか。

中野　合理化事業を入れたから、もう一遍自作農主義を前面に押し出そうというふうに、そんなに強くガラッと変えたというつもりは私にはありませんでした。前の管理事業団のことが頭にあったものですから、別に借地農主義に切り換えているわけじゃないですから、所有権の移動も入れようということで入れたと思うのです。

楜澤能生　農地法改正のときの基本スタンスですが、国会答弁で中野局長は、「農地法を借地農的に切り換えていくというふうによく言われるのでございますが、やはり現在の農地移動の状況から見ましても、今後とも所有権の移動が主軸をなすことは間違いないと思います。しかし、所有権だけというのでは地価の環境を考えても問題があるので、あわせて借地的なものを加えたいという考えでございます」と言っておられる。今後も所有権移動が主軸をなすとし、これと並んで補充的に自作地に借地をつける方向をあわせ考えるというのが基本スタンスであったというふうに考えてよろしいですか。

中野　私の考えは、そのとおりです。当時の実態からみたって、急に借地中心に流動化を進めて、それだけで借地農ができるというふうに全然思えない。やっぱり自作農的なものを中心に、拡大するときに借地も加えていくという考え方ですね。利用権設定を農振法に入れるのは、まだ5年先ですから。

谷脇修　賃貸借規制を緩和する議論のなかで、残存小作地に対する賃貸借規制と、その後の新しく出てくる賃貸借の規制との区別の議論がどういうふうになされたのでしょうか。

中野　議論は大いにあった。法律も、残存小作地については、小作料統制はその後も10年続けたでしょう。まったく別に考えた。

原田　当時5％あった小作地のなかには、改革後に設定された小作地もあったと思うのですが、それと本来の残存小作地とでは性格が違うのだという議論はなかったのですか。

島本富夫　確かに、農地改革残存小作地は、きわめて権利の強い小作地だと意識されてきた。しかし、その後の新しい小作地も同じ農地法のもとで厳しい賃貸借規制の適用を受けて、同じように扱われている。10年間の経過措置の適用にあたってそれを区別するといった議論はなかったですね。

【自立経営育成、農業生産法人、規模拡大論議、請負耕作・ヤミ小作対応等】

亀岡鉱平　45年改正のときに、基本法に基づく改正であるというような考え方が明確に含まれていたのでしょうか。

中野　「基本法に基づく」という、言い方ですよね。農林省は家族自立経営をつくっていこうという気持ちはずっとあるのです。それに対する政策としていろいろなことを考えたけれども、農地法自身は、それじゃ直接にそれを取り上げたかというと、管理事業団のような事業法的なものでは自立経営を目標とするとか、経営規模拡大を図るとか言っているけれども、農地法の改正というのは、邪魔になることをやめようというような、流動化を促進する条件整備的なものですね。直接に自立経営をどうするというのは農地法の改正にはないですよ。強いて言えば自立経営の方向に土地が動くようにしたいというので、農地保有合理化事業を入れた程度ですね。

中村正俊　36年に農業基本法ができて、それに基づいて農業生産法人制度ができたとき、国としてはしなかったと聞いていたのですが、45年に農業生産農業生産法人をつくることについてはあまりよしと法人の制度を変えています。45年当時、農業生産法人について一定の考え方、将来どのような形に持っていこうとかの考えがあったのでしょうか。

中野　いや、そんな先々まで、農業生産法人をどれくらいつくってなんてことまでは考えなかったですよ。ただ、今までのまったく自作農の延長だった法人を、少なくとももっとつくりやすく、そしてまず実態に合わせなければというので、役員の過半数が農地を出して農作業に常時従事するだけにして、あとは自由にしたわけですから。将来どんな形でというと、集団的生産組織ということがあの頃やかましく言われていたので、そういうものを協業的な農業生産法人でもっとやっていこうということがあり、農事組合法人の要件緩和と農協法の改正を一緒にやりましたね。

谷脇　経営の適正規模とか、農業経営のあり方とか、そういう議論は45年改正の経過の中ではどんなふうになされたのか。単に青天井に上限面積制限を取っ払って、あとは自由にというようなことで考えていたのか、それとも粒揃いの自作農をある程度つくっていくというのが暗黙の前提になっていての上限撤廃だったのか。

中野　それは農地法の問題ではなくて、基本法の自立経営をどの規模でみるかということです。最初は確か2町5反ぐらいのことで言っていたのが、だんだん大きくなってきて、45年の総合政策では10年先に4町5反と言ってますよ。というように規模は大きくなっているけれども、直接農地法の上限で、自立経営がどのぐらいがいいかという議論はあまりしてなかったように思います。

原田　問題意識としては、基本法ができて自立経営という目標をつくった、そこに行くには農地の流動化と一定の規模拡大が必要である、そこに向かって自作地の所有権移転に関与する事業として管理事業団法案を出したがだめだった。いろいろ条件が変わってきて、構造政策の基本方針の論理にならざるをえない。それを実現するときに、その一つのネックになっているのが農地法の現行の規定だから、そこを変えよう。これが農地法改正の論理である、要するに下支えした基本的な流れの論理である。こう理解してよろしいでしょうか。

中野　そのとおりですね。それと、もう一つは、いわゆる請負耕作、ヤミ小作的なものを正規の制度の中に入れてしまいたいという気持ちが非常にあったわけです。

原田　請負耕作とかヤミ小作が非常に広がっていくと、農地法がザル法化していくことになって、逆に農地法の法的な、制度的な基盤が崩される。そういう危惧の念が大変強かったとおっしゃいましたね。それを裏返して考えると、やっぱり農地法というのは絶対にいる。農地法の規制はいるということですね。それに関する疑いは全然ないわけですね。

中野　ありません。農地法的な規制をきちっとしていきたいということです。

原田　43～45年頃は、まだ自作農のイメージは非常にはっきりしていた。所有と経営と労働の三位一体で、規模も3haまでという権利取得制限があった。ところが改正でそれがなくなり、所有と労働のところも、借地でもいい、雇用労働を使ってもいいよとなる。そして、経営のところで「農作業への常時従事」が入る。これが新しいところですね。これらがどういうつながり方をしていたのか、おうかがいしたいのですが。

中野　もっと単純な話でね。大きくなろうとする農家は、自家労力でやっているのでも3haを超えている。だから、自家労力でやる限りは大きくしてもいいというので外した。したがって、農作業に常時従事するということさえ条件につけておけば、少々大きくなったってかまわないよという非常に単純な話なんですよ。だから取得上限規模の廃止と、農作業常時従事とがくっついているわけですよ。

もう一つはね、あのころは自作農＝三位一体で来ているものだから、常時従事そのものが大議論になったということはなくて、それは当たり前だということだった。

原田　だけど、今からみると、よく入っていたなと思うのですけれどもね。

中野　いや、それはね、それこそさっきの請負の話で、名義と危険負担さえあれば、これで自作農じゃ話にならないものですから、われわれとしては、これだけは絶対入れるというので入れたのですよ。それは、42年の改正試案に関する懇談のときでも、当局側の説明として、東京にいて、指図だけして、あと危険負担だけ持つのじゃ自作農といえませんと言っていますから。

田代洋一　お話をうかがって、42年の構造政策の基本方針と、それを受けて実務上最高責任者としてやられた中野さんとの間には、やっぱりズレがあったのかなという感じがしています。42年の基本方針は、事業団法の後を受けて流動化の促進というか、賃貸借の促進というか、それが非常に強く出ていたと思います。けれども、それを受けた局長は、ヤミ小作なり請負耕作が非常に蔓延している、このまま行ったら農地法がザル法化して、農地法体系が崩れていく、それを避けるために「ヤミ小作を正規の関係に追い込みたい」ということですが、正規の関係に追い込むためには、一定程度正規の賃貸借規制も緩和しないと追い込めない。というところで賃貸借の規制緩和が出てきたのであって、それ自体が賃貸借をどんどん促進して自作農主義から転換するという意識のもとにやったのではない。後から関谷（俊作）さんたちは、あの時をもって借地主義に転換したという、後輩からすればそういう位置づけになってくる、そういう論理かなと、きょうのお話から非常にそこを強く受けとめたのです。だけど、全体としての構造政策の基本方針との絡みと、それから、制度をきちっと守っていこうとする中野局長との間にやっぱり少しズレがあって、この45年の改正でもって果たしてヤミ小作を追い込むことができたのかというと、やっぱりそれはできなかった。もっと客観的に言えば、ヤミ小作が蔓延していくという形で賃貸借が進展していく時代があったという感じがするのです。そうなってくると、45年の改正というのは、あくまでも農地法の延長上にあるのであって、その次に48年にオイルショックがあって、狂乱物価があって、地価が高騰して、仮に農地管理事業団法があっても、結局あの48年の列島改造論で事実上潰れたと思う。そこから利用増進の世界に変わっていく。そこに大きな断絶があったなというふうに、私はきょうのお話からそういう印象を受けました。45年改正で農地法は微動だにするものではなかった。事実上、農地法の古い体系が潰されたのはやっぱり狂乱物価だったなと思います。そういうなかで次の利用増進事業、利用増進法の世界というのは、かなり別の世界が描かれてきたのかなと思うのです。

中野　ただ、あなたの話で、基本方針で流動化が非常に強く出ていて云々と言われたけれども、それは農地局のほうから提案し、書いて持って行って、それをそのまま基本方針に書いてあるわけだから、45年のとき、僕がヤミ小作の対応で賃貸借規制をきちっとすると言ったのは、それを流動化の促進のため賃貸借規制を緩和することとあわせて言っているので、そんなにズレがあったわけではない。そこだけがちょっと話が違うなと思う。あとは農地法のバイパスとして利用増進事業に向かうのは、別の世界かどうかはともかく、だいたいそういうことです。

【地価高騰、地価対策・ゾーニング規制等をめぐって】

原田　45年改正も、その前提となった構造政策の基本方針も、農地価格が上昇して兼業化と相まって農地が資産化しているという前提で議論していますね。農地価格そのものを何とかしなければいけないという議論はなかったのか、それはどうしようもないからそれを与件として何ができるかを考えるということだったのか。その辺はどうですか。

中野　地価は、直接どうとかしようということで正面からあまり取り組まなかったような気がしますよ。国会でもその質問はありました、地価対策はどうするのかと。これは農地だけではできない。土地制度全体の中でやっていかないと、と答えている。とくにその後も狂乱物価で農地の転用価格が上がっていきましたからね。

梛澤　45年改正までは、所有権の移動が主軸をなすという前提的な認識でいろいろなことを構想されている。他方で、地価上昇は一つの問題であるという認識も同時に持たれている。そうした状況の中で、やっぱり地価対策ということが当然考えられていただろうと思うのですが、その場合に、地価抑制の論理としては、農振法による土地利用区分で対応できるという認識が一般的だったのか、それとも収益価格を基準として何らかの形で地価統制制度というものを考えるべきだという議論があって、しかしそれは実現困難だというようなことだったのか、その辺をおうかがいできれば。

中野　地価問題については、正面から具体的に、例えば収益還元価格基準でやるというような議論をして、それを制度化しようというところまでは考えたことはありませんでした。というのは、農地価格をよくみると、純粋の農村地帯の農地はそんなにべらぼうに上がっているわけではなくて、問題は転用価格ですよ。そっちが上がるものだから。それを農地価格のほうから抑えようというようなことは、当時は全然考えなかったように思う。

地価上昇というのは、問題意識はあるけれども、検討の中身まで入り込まなかったということです。あんなに狂乱物価で上がってしまったからね、だから何とも手がつきませんよ。正面から農地の地価統制をやろうという考えはありませんでしたね。

地価を抑えようとすることと転用の関係では、都市計画法の線引きで、農林省として市街化区域の転用許可をやめて、届け出で結構ですとしていた。そのかわり市街化区域をコンパクトにやってもらうのです。それは税金の関係ですが、市街化区域の中は宅地並み課税になってもいいと考えた。農林省としては、調整区域は宅地化が抑制されるからそんなに上がらないという前提を置いたのですね。ところが、農協と農業会議所が市街化区域の宅地並み課税反対で頑張って、それでだめになったのです。建設省は、初めは同調していたのに、法律を通したいために大臣が国会でパッと降りちゃったのですよ。だから、市街化区域の線引きがものすごく広くなった。だから地価対策的に言えば、線を引いて農業振興地域の中は農業でやっていくのだから、収益還元価格的かどうかは別にして、それに近い値段になるはずだという想定だったのです。

楜澤　直接的な地価統制よりも、土地利用区分で対応できるという読みがあったと。

中野　対応できるとまで割り切ったかどうか。農林省は農振法をあわてて出したのです。だから基本方針だって、「その他」で書いてありますよ。利用区分をきちっとしなければという程度に抽象的に書いてあるだけで、まだ頭の中には、42年にはなかった。43年に都市計画法が出てきて線引きができたものだから、あわてて官房を中心に、農振法で打って出ることにした。

【新たな賃貸借制度への移行、農地賃貸借規制をめぐる課題】

原田　45年改正で多少は正規の借地が出たけれども、満足するほどには賃貸借の流動化は進まない。ですから、45年改正が成立した1、2年後から、農林省の内部ではいろいろな検討会が始まっていた。45年改正と50年の利用増進事業のいわば関係づけの話、先ほど田代さんは、その間に大きな変化があったという評価ですが、そのあたりのことをどうお考えかおうかがいできれば。

中野　私が農地局長をやめてからですね、ちょっと今、実感としては何とも言えないですけどね、45年改正後は、47年に世界食料危機で、どんどん物価が上がるでしょう。食管で管理している小麦の価格を3倍に上げようとしたら、経済企画庁長官が上げるのを止めて、全部財政負担に持っていったりした。その後、すぐ石油危機が来たでしょう。そういう情勢の中ですから、農地そのものをどうしようかという議論が農林省の中心であまりやられてなかったような気がします。ただ、東畑さんが、今の農地法だけではだめなので、自主的な管理を農村の集落の段階から積み上げることを考えろということをおっしゃって研究会を開かれたというのを聞いてます。それが結局、東畑式の自主管理じゃなくて市町村で取り仕切るということにガラッと変わったけれども、東畑さんが火をつけられたことは確かにあるのですよ。

原田　東畑先生の最初の研究会のときの問題意識と、できあがった利用増進事業とは相当違うという感じですか。

中野　違いますね。東畑さんのは、集落なり町村の中での農民自身の自主管理的なものの考え方ですね。だけど、それじゃ農地法を外してああいうことはできないということで、市町村という公権力を持ってきて、市町村が計画を公告して利用権を設定したものは農地法を外すということになったのです。自主的な管理ではできないということじゃないでしょうかね。最近でも、自主管理をしたら農地法を外せということを言われた学者もいましたけどね。やっぱり無理ですね。

田代　中野先生たちがこの農地法の改正、農地法という世界の中でもって請負耕作なりヤミ小作なりも包摂していって賃貸借にも対応できるとお考えだったのだなというふうに、私はきょう強く受けとめました。だけどそこは、検討がいる。農地法の世界は、どこまで行っても、やっぱりこの賃貸借主流の世の中とマッチしなくて、時代が変わってくれば利用増進法のほうに行かざるをえなかったのか。もし利用増進法がなくて農地法一本でも、これだけ賃貸借が盛んになってくる事態に対応できたのかどうなのか。

原田　民法をやっている者からみると、農地法の賃貸借規制の特殊性があると思っています。戦前からの小作立法の議論、小作権強化の論理と流れは、借地・借家権の強化と並んで、制度的にはほぼ同じ論理の仕組みで考えられてきていたわけです。労農派などは、それの延長上で戦後も耕作権強化でいくべきだとしていた。ところが、農地改革後、自作農主義を掲げた農地法の賃貸借規制は、残存小作地を念頭に置いて、小作料を非常に低く抑え、解約や更新拒絶は原則的に許さないようにしておいて、できれば自作地化を目指す。そして新しい小作地をどんどんふやすという政策はとらない、という発想ですね。

もう一つ、法律的にはここが非常に違うのですが、借家や借地の賃貸借は、当事者間で契約が成立したら、賃借人の権利が当然に法律に乗っかって保護される。ところが農地の賃貸借は、農地の売買が許可を得ないと無効になるのと同じように、許可を得ないかぎり効果を生じない、無効なヤミ小作であるとなる。制度の論理がまったく違う仕組みになっているのですね。それが残存小作地だけを保護するのなら意味を持つけれども、新しい賃貸借が出てきたときに、すべて農地法に乗りなさい、乗って許可を得なければ、あとはヤミですよと。こういう仕分け方をしたことが後を非常にやりにくくしたのではないかと思えてならないのですが、そういう問題は、農地行政を担当されていたときにあまり考えられなかったですか。

中野　私が現場にいたときは、改正に着手したばかりでしょう。そこまで考えてはやってないのですけれども、今からみると、とにかく農地法の一定の秩序をつけたものは置いておく。しかし賃貸借のほうで規模拡大なり何なりやるのは、期限がきたら返してもらえるというバイパスでやるということになったのですね。今はほとんどの賃貸借関係は利用権ですね。まして基盤強化法になってからますますそっちになってきた。今も農地法上の賃貸借の移動は少々ありますし、農地法はそのままそっとあったということじゃないでしょうかね、極端な言い方をすると。そのかわり逆に、請負耕作なりヤミ小作があったにしても、ずいぶん減ったわけですよ。そういうふうに思いますけど。

原田　それでも事実上の賃貸借・ヤミ小作はなお残っている。借家に関してはヤミ借家というのはないのです。

中野　借家法は許可制がないからでしょう。

原田　許可制がないからです。しかし借家人の利用権の保護が目的ですから、最後は裁判所に行って保護される仕組みがある。ところが、農地改革直後にできあがった農地法の許可主義のもとでの賃貸借は、事実上の貸し借りがあっても許可を得ていなければ保護されない。法律的には無効だという建前ですね。しかし現実には存在している。売買と違い利用関係だから、それで何も苦労はないのでヤミ小作だとか請負耕作が出てくる。それが一般化すれば、そもそも何の賃貸借規制だということになり、農地法がザル法だと言われて足もとをすくわれる。この矛盾を抱え込んだのではないかと思っているのです。なぜそのままで来たのだろうというのが、いまだに私もわからないのですが。

中野　それをバイパスの利用権設定で、そっちへ正常化したというふうに考えていただくよりしようがないですね。利用権設定は農地法ではないが、貸し手に配慮した農地にかかわる制度です。だけども、それも嫌な人は、今でもヤミはあるわけです。それを、農業委員会を使って全部取り締まるなんてことはしていませんが。

田代　そういう議論になってくると、農地法はやっぱり農地改革というものを背負ったということが厳然としてあるのじゃないですかね。

原田（司会）　そのとおりだと思います。ただ、私個人は、農地賃貸借制度の立て直しはやがて必要になるだろうと考えているのですが、それは今後の話です。中野先生、そして皆さん、本日は長時間にわたり、大変ありがとうございました。（了）

＜発言者一覧（発言順）**＞**
中野和仁（元農林事務次官）、原田純孝（中央大学法科大学院教授）、岸康彦（日本農業研究所理事長）、梱澤能生（早稲田大学大学院教授）、谷脇修（前全国農業会議所事務局長）、島本富夫（元農林水産省農業総合研究所所長）、亀岡鉱平（早稲田大学大学院博士後期課程）、中村正俊（山形県農業会議農地組織専門員）、田代洋一（大妻女子大学教授）

谷脇　修（たにわき おさむ）　8章

1952年北海道生まれ。弘前大学農学部卒業。前全国農業会議所事務局長。

楜澤能生（くるみさわ よしき）　9章

1954年大阪府生まれ。早稲田大学大学院法学研究科博士課程中退。早稲田大学法学学術院教授。

中村正俊（なかむら まさとし）　10章

1947年山形県生まれ。慶応義塾大学法学部法律学科卒業。山形県農業会議農地組織専門員。

緒方賢一（おがた けんいち）　10章

1970年山梨県生まれ。早稲田大学大学院法学研究科博士後期課程退学。修士（法学）。高知大学教育研究部人文社会科学系准教授。

高橋寿一（たかはし じゅいち）　11章

1957年東京都生まれ。一橋大学大学院法学研究科博士課程単位取得退学。博士（法学）。横浜国立大学大学院国際社会科学研究科法曹実務専攻教授。

編著者と執筆分担（執筆順）

［編著者］

原田純孝（はらだ すみたか） まえがき、2章、記録資料

1946年岡山県生まれ。東京大学法学部卒業。中央大学法科大学院教授・東京大学名誉教授。

［著者］

島本富夫（しまもと とみお） 1章、記録資料

1940年滋賀県生まれ。三重大学農学部卒業。元農林水産省農業総合研究所所長。

橋詰　登（はしづめ のぼる） 3章

1959年島根県生まれ。法政大学法学部卒業。博士（農学）。農林水産省農林水産政策研究所主任研究官。

安藤光義（あんどう みつよし） 4章

1966年神奈川県生まれ。東京大学大学院農学系研究科博士課程修了。博士（農学）。東京大学大学院農学生命科学研究科准教授。

田代洋一（たしろ よういち） 5章

1943年千葉県生まれ。東京教育大学文学部卒業。博士（経済学）。大妻女子大学社会情報学部教授・横浜国立大学名誉教授。

鈴木龍也（すずき たつや） 6章

1956年福島県生まれ。大阪市立大学大学院法学研究科博士課程単位取得退学。龍谷大学法学部教授。

岩崎由美子（いわさき ゆみこ） 7章

1964年埼玉県生まれ。早稲田大学大学院法学研究科博士後期課程退学。修士（法学）。福島大学行政政策学類教授。

シリーズ　地域の再生 9

地域農業の再生と農地制度

日本社会の礎＝むらと農地を守るために

2011 年 6 月 30 日　第 1 刷発行

編著者　　原田　純孝

発行所　　社団法人　農 山 漁 村 文 化 協 会
〒 107-8668　東京都港区赤坂 7 丁目 6－1
電話　03（3585）1141（営業）　03（3585）1145（編集）
FAX 03（3585）3668　　　　振替　00120-3-144478
URL　http://www.ruralnet.or.jp/

ISBN978-4-540-09222-0　　　DTP 制作／ふきの編集事務所
〈検印廃止〉　　　　　　　印刷・製本／凸版印刷（株）

日本農業の諸問題を法制度と現場の動向をクロスさせて解明

―― 日本農業法学会 編集 『農業法研究』（毎年1回発行）――

日本の「直接支払い」のあり方を問う 46号

飯澤理一郎、柏雅之、安藤光義、東山寛、入江千晴、棚橋知春、島雅昭、柳村俊介、村田武、亀岡鉱平ほか著
4000円＋税

直接支払い制度の従来の展開を総括するとともに、地域農業の実情と課題から戸別所得補償などの新しい直接支払いに求められるものを考察し、EUの事例との比較も行いつつ、よりよき日本型直接支払い制度を展望する。

改正農地法の地域的運用 45号

楜澤能生、田辺和夫、林英彦、中川洋介、加藤光一、稲垣照哉、原田純孝、光吉一、今泉友子ほか著
4000円＋税

農地の権利移動規制の部分的緩和の一方で〝農地は地域資源〟と明記した改正農地法により「地域における農地管理」が大きな課題に。本書は、全国に名を馳せた長野県の先行事例を検討し、改正法や新制度運用の課題に迫る。

いま農地制度に問われるもの 44号

田山輝明、橋詰登、谷脇修、梶井功、楜澤能生、高橋寿一、原田純孝、山口英彰、長友昭ほか著
4000円＋税

農地利用の新しい動きと制度上の諸問題、農地法改正論議のされ方の分析、「耕作者主義」転換の意味と問題点など、農地法改正問題に多面的角度からアプローチし、主要な論点を整理しつつ、議論の方向を提起する。

現場から見た「戦後農政の大転換」 43号

楜澤能生、中村正俊、新関庄廣、齋藤勇紀、栗田和則、佐藤章夫、横山敏、楠本雅弘、本城昇、舘野廣幸、林重孝ほか著
4000円＋税

経営安定対策や農地法の規制緩和など「戦後農政の大転換」がすすむなか、新段階の農政の展開を農業者はどう受け止め対応しているのか。農業者の報告をもとに農業現場の変化を捉え、農政の問題点や制度的課題を検討。

直接支払制度の国際比較研究 42号

原田純孝、村田武、石井圭一、加藤光一、石井啓雄、今井敏ほか著
4000円＋税

「品目横断的経営安定対策」の導入に際し、先行諸外国の直接支払制度の内容との比較検討も行ないつつ、日本型の直接支払制度として、直接支払い制度がいかなる意義と機能をもち、どのような影響を有するかを検討。

地域に生き実践する人々から新しい視点を汲み
取り、時代を拓く新しい言葉・論理として提起

シリーズ地域の再生（全21巻）

既刊本　（いずれも、2600円＋税）

1 地元学からの出発
この土地を生きた人びとの声に耳を傾ける
結城登美雄著

地域を楽しく暮らす人びとの目には、資源は限りなく豊かに広がる。「ないものねだり」ではなく「あるもの探し」の地域づくり実践。

2 共同体の基礎理論
自然と人間の基層から
内山　節著

市民社会へのゆきづまり感が強まるなかで、新しい未来社会を展望するよりどころとして、むら社会の古層から共同体をとらえ直す。

4 食料主権のグランドデザイン
自由貿易に抗する日本と世界の新たな潮流
村田　武編著

貿易における強者の論理を排し、忍び寄る世界食料危機と食料安保問題を解決するための多角的処方箋。TPPの問題点も解明。

7 進化する集落営農
新しい「社会的協同経営体」と農協の役割
楠本雅弘著

農業と暮しを支え地域を再生する新しい社会的協同経営体。歴史、政策、地域ごとに特色ある多様な展開と農協の新たな関わりまで。

12 場の教育
「土地に根ざす学び」の水脈
岩崎正弥、高野孝子著

土の教育、郷土教育、農村福音学校など明治以降の「土地に根ざす学び」の水脈を掘り起こし、現代の地域再生の学びとつなぐ。

16 水田活用新時代
減反・転作対応から地域産業興しの拠点へ
谷口信和、梅本雅、千田雅之、李侖美著

飼料イネ、飼料米利用の意味・活用法から、米粉、ダイズなどを活用した集落営農によるコミュニティ・ビジネスまで。

21 百姓学宣言
経済を中心にしない生き方
宇根　豊著

農業「技術」にはない百姓「仕事」のもつ意味を明らかにし、五千種以上の生き物を育てる「田んぼ」を引き継ぐ道を指し示す。

今後、本巻のほか以下のテーマで発行予定。③「自治と自給と地域主権」、⑤「手づくり自治区の多様な展開」、⑥「自治の再生と地域間連携」、⑧「地域をひらく多様な経営体」、⑩「農協は地域に何ができるか」、⑪「家族・集落・女性の力」、⑬「遊び・祭り・祈りの力」、⑭「農村の福祉力」、⑮「地域を創る直売所」、⑰「里山・遊休農地をとらえなおす」、⑱「森業―林業を超える生業の創出」、⑲「海業―漁業を超える生業の創出」、⑳「有機農業の技術論」